U0034840

經營顧問叢書 ⑵⁴⁶

行銷總監工作指引

吳清南　編著

憲業企管顧問有限公司　發行

《行銷總監工作指引》

序　言

　　在過去的 18 年間，我一直擔任營業部門的基層主管、高層主管，爾後又經歷 13 年，擔任企管顧問公司的行銷顧問師，所接觸、輔導協助過的各種營業主管，超過萬人，包括家電、汽車、化妝品、機械、食品、電子、百貨、醫藥、連鎖業等各種行業。多年的經驗使我深深體會到「**營業部門主管是一個非常重要而又艱苦的行業**」。

　　營業部門的績效，對企業相當重要；營業部門的稱呼，在各企業內有不同的名稱，甚至因為所承擔的工作項目不同，亦可修正名稱；但稱之為「**企業的火車頭部門**」，則無人會反對。

　　在景氣低迷、競爭激烈的市場裏，經營者要想擁有一個具有強大的銷售力的企業，成功關鍵因素甚多，前提條件是擁有成功的營業主管，組織率領一個營業部隊，賦予營業動機，並創造成果。

　　鑑於此，本書的完成是由憲業企管顧問公司的顧問師，以實用為主，加上顧問界同行好友的惠賜資料，配合作者平日的授課、輔導企業心得，濃縮提煉而成的，是營業主管的參考書。

　　對於那些想提高整個銷售團隊績效，想發揮銷售潛力的主管、經營者，只要你能熟讀本書必可發揮非凡的實力。

《行銷總監工作指引》

目　錄

第 一 章

行銷總監應具備的知識與能力

一、瞭解企業

作為一名行銷總監，掌握一些必備的相關知識是理所當然的，這些必備的知識，包括有關商品的知識、市場的知識和銷售的知識。

公司的名譽和信用對行銷總監來說，是非常重要的資料，有時候比所要銷售的產品還要重要。因此，行銷總監一定要瞭解自己的企業。它主要包括：

(1)公司在企業界的名譽。

(2)過去的歷史和背景。

(3)結構組織及成長狀況。

(4)曾售出的各種產品或服務。

(5)服務部門及人事室的名譽。

(6)分公司及服務處的地點。

(7)公司的各種政策，如打折、放款、運送、交換、財務賒銷和訂單程序。

由於目前有許多公司銷售相同的產品或服務，市場競爭日益激烈，行銷總監必須對本企業的知識及背景了如指掌，以順利的將產品銷售出去，以達到獲得利潤的目的。

二、瞭解商品

當我們為顧客提供產品時，作為行銷總監，就必須對所提供的商品有相當深刻的認識。一般而言，商品知識包括：名稱、種類、價格、特徵、原產地、廠商名、牌子名、製造工程、素材、設計、顏色、花色、尺寸、使用方法、保養方法、流行等等。除此之外，其商品的市場及行情、流通渠道、與類似品及競爭商品之間的比較，關係法規等等的關連知識都涵蓋在內。

1.商品知識的概念

所謂商品者，是集物理特色、服務特色、象徵特色於一身的東西，而且可以滿足消費者，或者帶來方便。其次，站在消費者立場，商品除了這些要素外，還要有經銷商對購買產品者提供的服務。

(1)為物理性商品附加市場性

構成完整商品性——物理性的組合品，如，箱子、附件、公司商標、經銷商的服務等，都是增加市場所需要的要素，即商品的市場個性。而且這個市場性可以區分為：商品本身附加的附件、商標、包裝、色彩、設計等構成的市場性，以及廣告、

待客銷售、陳列、售後服務等促銷活動附加的市場性。換言之，那是實現商品的差別化，展開有利競爭上的重要要素。就消費者立場而言，今天的消費者已不再只是滿足於該商品是否能够發揮其原本的物理性功能，更重視情緒上得到滿足的資訊價值。

⑵促銷方式加強商品價值

即使是同樣的商品，是否提供完善的待客技術、吸引人的陳列，就消費者的立場而言，價值不同是理所當然的。我們學習展示陳列、待客技術、廣告等促銷手段的意義就在這裏：以這種形態出的市場附加價值，對零售商而言尤其重要。

⑶強調商品的差別化，可有利於競爭

作爲商品的基本條件是，具備物理性商品的基本功能，産生一次效用；不過考慮到市場性的話，只有那樣是不够的。這裏還有設計的問題，那就是提高商品的適合性或者透過情緒方面價值的提升，以擴大商品價值，同時借著商品的差別化，是展開有利競爭的重要手段。

設計的重點，通常被放在情緒性上；不過有些商品設計的功能性也很重要。總之設計的著眼點在於充實情緒方面的價值，以擴充市場性。

色彩給商品以魅力，喚起消費者的注意和關心；設計、色彩等的組合可以產生好幾種款式，那就成了流行。

⑷對商品構成要素的認識

商品之所以成爲商品，也就是成爲一個物理性的有形體，成爲買賣的物件後，爲了産生消費者所期待的效果，必須具備各式各樣的適合性才行。

①適合性

必須具備可以提供符合消費者需要、滿足慾望效用的品質，在可能的範圍內確實地應對各種需要與慾望。

②耐久性

必須保證經過生產到消費這整個期間，價值並未起變化；即使變化程度依商品不同，也要保有一定的水準。

③移動性

從生產地到消費地，必須經過方便、安全而且經濟的運輸和搬移。如果這方面有問題，耐久性、適合性也會受到損害。

④替代性

指買賣和消費時，可以利用同種等量商品替代的性質。如果不具備的話，很難順利地生產、流通、消費。

⑤經濟性

意思是價格必須比價值低。並非只是便宜而已，具備適合各種消費者需要、慾望的價值，和那個價值比起來便宜的，才算是廉價。

⑥資訊性

品牌等廣爲大衆所知，購買、消費之際能提供充分的資訊。這對消費者而言，是附加上面所說的資訊價值。

⑦安全性

即使上面所有適合性都能得到滿足，只要這個安全有問題，商品的所有價值將一起失去。對人體和生命有害的東西，不應被生產、流通、消費。

⑧有利性

即使是對消費者而言能夠滿足適合性，經濟性等條件的商品，如果對製造商、經銷商來說，沒有足夠的利益的話，是不可能維持其生產、銷售的，商品自然無法成立。

⑨社會性

今天的商品只具備滿足製造商、經銷商及購買者、消費者這些直接接觸當事人的適合性是不夠的，還要考慮對整個社會的影響如何。

⑸商品的商標功能性

所謂商標者，是製造商或經銷商，為區別本公司產品與其他公司產品而添加的文字、圖形、記號。可以幫助消費者在購買時，容易識別特定商品，同時也是製造商、經銷商促銷的一種手段。因此，商標具有以下功能：

①商品的區別化

商品的區別化是展開有利企業間競爭的重要戰略之一。具體的做法是，賦予自己公司的商品與其他競爭對手的商品所沒有的特徵。通常分為，針對商品的一次性效用區別化，以及針對二次性效用差別化兩種方式。

②促進商品的選擇

告訴消費者商標的同時，也訴求自己公司商品的差別性，引起人們關心，刺激人們積極購買的慾望。當消費者指定商標購買時，商品的差別化才算成功。

③確保固有市場

要確保品牌商譽，讓消費者堅持選用特定的商標，這就是

確立固定市場，爲達到此目的必須打響商標的名聲，另一方面要努力擴大其滲透性，讓顧客喜歡。

④**確立出處、責任**

在多數商品中，可以明示該商品爲本公司的産品，同時說明本公司對該産品的責任；所謂對商品的保證，也可以說是透過商標訂立負責的契約。

⑤**無形的資**産

具有區別商品、方便選擇、確保固有市場的能力的商標，得到消費者一定的評價，那麼所附的商品價值一定擴大。由此可見，商標等於是企業的無形資産。

2.**充實商品知識的辦法**

有關商品知識獲得的方法，具體的渠道有：

⑴從商場的前輩那裏學得。

⑵從專業書籍、專家們那裏學得。

⑶參觀工廠或從展示會上學得。

⑷從供應商的推銷員那裏學得。

⑸從報紙或雜誌上學得。

⑹自己來使用、研究。

⑺從顧客那兒學得。

三、瞭解市場

銷售是在市場範圍內進行，因此，作爲行銷總監，對市場的管理與市場研究知識的掌握也是必不可少的。

1.市場行銷

所謂「管理管理」，就是使銷售活動按照計劃順利進行，在一定的預算內，在特定日期裏，達成一定的目標。

銷售管理，其所包括的範圍，大致如下：

(1)市場研究(市場調查)

(2)推銷組織

(3)銷售途徑

(4)新製品開發(包裝、標誌、商標名等等的研究)

(5)銷售價格

(6)推銷員管理及推銷技術(銷售管理)

(7)銷售促進

(8)廣告、宣傳

(9)銷售事務制度

(10)銷售成本

市場管理的定義是：「爲實現經營計劃，而以使用或者是消費者的慾望爲基礎，作有效的服務和推銷商品的管理理論與技術」。

2.市場研究

推銷商品的時候，我們首先要考慮到的第一個問題，就是如何把握住市場。因爲，無論是要做銷售預測，或是做廣告調查，其最基本的問題，是對購買該商品的需要。換句話說，必須先研究大衆對購買該商品慾望的程度；再討論以何種技術推銷出去，才能把人們的購買慾望與購買行爲結合。

銷售部門要做銷售預測時，一般的方法是事先調查以往的

銷售業績，並聽取推銷員的建議，或是再徵求銷售店的預測意見等，以制定準確的預測數額。

市場研究的物件，是由質與量構成的。而首要的問題就是追求市場的質，或是市場的性格。

所謂「質」，也是追求購買階層的「質」；所謂「量」，也就是根據市場的「質」，並根據各種統計資料及實際調查所得的估計數值，以把握市場的「量」。

普通市場研究的性格，大致包括下列幾項：

(1)市場性格的調查

(2)市場大小的調查

(3)銷售途徑的調查

(4)銷售業績的傾向調查

(5)廣告及銷售促進的調查

(6)製品調查

(7)與同業間競爭傾向的調查

市場研究所使用的最基本的調查方法，大約有下列 5 項：

(1)資料法：分析公司內外的資料。

(2)問卷調查法：運用徵求解答，以搜集資料。

(3)訪談法：運用接見面洽，以搜集資料。

(4)觀察法：運用調查員做客觀觀察，以搜集資料。

(5)實驗法：以實驗搜集資料。

銷售分析的主要分析專案，大約有下列幾項：

(1)地區差別的分析——銷售額、數量、地區差別等等。

(2)製品差別的分析——銷售額、數量、品目、寄售款餘額

等。

(3)顧客差別及顧客種類差別的分析──往來期間、銷售額、品目等。

(4)季節差別及傾向的分析──季節不同而銷貨變動的分析，以及與銷貨傾向有關係的其他商品的相關分析。

(5)銷售方法分析──運用各種銷售方法時，所出現的銷貨業績與各種方法之間的相關分析。

在上述各種分析之中，最需要檢討的有下列幾點，分別是：

(1)銷貨的急劇減退。

(2)銷貨的急劇增長。

(3)新產品上市後對舊產品的影響。

(4)對顧客銷貨狀況的變化，以及改變銷售方法所可能帶來的變化。

(5)因地區差別、季節差別、品種差別的不同而可能出現訂購量的變化等。

四、瞭解客戶

在一個經濟行為發生之後，我們可以看出，顧客通常都不是在購買產品的特徵，他們所購買的是可滿足需求或可解決問題的產品或服務。作為一名具有創造性與專業性的行銷總監，必須盡可能地吸收有關顧客情況的各種情況，而且愈多愈好，瞭解顧客的需要是非常重要的課題。

需要是人們希望得到而未得到滿足的感覺。需要未得到滿

足或導致人們的心情緊張，產生不舒適的感覺。當它達到迫切的程度時，便成爲一種驅使人們行動的強烈內在刺激，即驅策力。

1.掌握顧客的情況

「需要層次論」認爲，人類的需要按先後順序分成五個層次：

(1)生存需要：指人們衣、食、住等維持生命活動的基本生活需要。

(2)安全需要：指人們生命、財產、職業等方面的安全和保障的需要。

(3)社會需要：指家庭、親友、團體、組織與社會活動中的人際交往以及歸屬感方面的需要。

(4)尊重的需要：指在工作、職業或學識等方面受到別人的尊敬與承認，包括自尊心與榮譽感。

(5)自我實現的需要：指在事業上能够發揮個人才能並取得成就。包括自我實現，成就慾和對理想目標的追求。

這些需要由低向高延伸，需要的層次越低越不可缺少，因而也越重要。只有當低層次的需要基本滿足後，才設法去滿足高一層次的需要。

只有瞭解顧客的需要，才能做好推銷工作，做到「有的放矢」。否則，不瞭解顧客需要什麼，盲目去銷售，效果肯定不會理想。

2.分析消費者行爲之目的

爲了達到消費者導向的經營目標，首先必須對消費者、客

戶進行分析瞭解。消費者行爲分析之目的如下：

(1)發掘主要消費物件及其特徵。

(2)掌握消費行爲趨勢，調整行銷組合策略。

(3)建立目標市場，評估市場潛量，擬定產銷計劃。

(4)規劃產品差異化與市場區隔化，滿足各階層的消費需求。

3.消費者行爲分析之內涵

銷售人員要瞭解消費者、客戶之行爲，首先必須研究消費者的購買動機，如何購買產品，何時購買，需要的是什麼，購買行爲爲何如何，是在左右購買決策等等。

「購買行爲」與「購買心態」都是從事行銷企劃重要的依據，以「購買心態」而言，暢銷產品的趨勢是「輕、薄、短、小」，消費者的心理需要都具有「輕、我、華、鮮」的特色。

(1)輕：輕盈感

商品的外形要求「輕、薄、短、小」，而對商品的期待心理朝向「輕巧、明亮、乾淨」。

(2)我：獨特感

若能滿足消費者的自我意識，塑造風格獨特的商品，必能暢銷。

(3)華：豪華感

隨個人所得之提升，愈來愈多的人會購買能象徵身份地位的產品或服務。具有豪華感的商品，可以滿足人類的虛榮心。

(4)鮮：新鮮感、科技感

由於科技發達，使得產品多屬人工化學合成，因此，消費

者開始懷念原始、自然的產品風味，令人體會出新鮮感和健康感之商品愈受歡迎。

　　消費者的購買行為，受到諸多因素而影響，筆者整理出下列重點，可概括分為 6「O」與 2「A」，提供行銷總監之參考：

表 1-1

6「O」	購買的物件 （OBJECT）	消費者至市場購買何物？	產品(PRODUCT)可區分為實體性產品、延伸性產品、基本性產品。
	購買的目的 （OBJECTIVE）	消費者購買的理由？（WHY）	瞭解消費者的實際購買動機。
	購買的組織 （ORGANIZATION）	消費者所扮演的購買的角色？（WHO）	瞭解購買決策中的角色 ①誰做成購買之決定 ②誰擔任實際之購買 ③產品歸誰來使用
	購買組織的作業 （OPERATION）	消費者如何選擇？（HOW）	瞭解受下列因素影響的消費者購買模式： ①消費者個性 ②產品特性 ③消費者的社會階級屬性
	購買的時機 （OCCASION）	消費者何時購買？（WHEN）	瞭解消費者的習慣(如淡季、旺季)，消費時間、購買時間等
	購物的出口 （OUTELT）	消費者到那裏買？（WHERE）	瞭解消費者對購買地點的偏好。
2「A」	認　知 （AWARENESS）	對同類產品與各品牌的認識程度。	
	態　度 （ATTITUDE）	對各類產品、各品牌的態度與動向(包括使用前和使用後)。 瞭解消費者對廣告媒體的愛好。	

4.消費者行爲的調查內容

產品（或服務）不同，所應瞭解的消費行爲也會不同，一般而言，消費行爲的調查內容大致如下：

表 1-2

項　　目	類　　別
商品認知印象	A 功能、用途　B 屬性(大小、形狀、成份、性能、構造)
品牌認知形象	A 知名率(未提示、提示)　B 屬示
商品定位	A 屬性　B 心理知覺(奢華、濃烈、豪邁、帥捷、華麗) 找出各品牌空間位置及心中產品之理想點
購買使用頻率	(1)非使用者 (2)大量使用 (3)中級使用者 (4)少量用者
購買所在地	(1)市區　　　(2)郊區　　　(3)外縣市　　　(4)國外
購買場所	(1)百貨店　　(2)超級市場 (3)平價商店　　(4)福利站 (5)小型賣店 (6)其他
購買方法	(1)自購　(2)郵購　(3)訂制　(4)電話訂購　(5)其他
購買時間	A 星期幾　　　B 上午、中午、下午、晚間
購買次數	A 每週幾次　　B 每月幾次
購買商品特性	A 功能　　　B 大小　　　C 包裝型態
購買用途	A 用途：(1)自用(經常使用、裝飾、代替品、試用、流行)　(2)贈品　B 使用場合
情報來源	(1)報紙　　(2)電視　　(3)廣播　　(4)雜誌　　(5)戶外 (6)產品說明書　　(7)介紹　　(8)其他
購買動機	A 刺激(理智、衝動)　B 需要(生理、安全、隸屬、尊重、自我實現)
選擇因素	(1)功能　　(2)品質(材質、屬性)　　(3)價格　　(4)名牌 (5)購買方便性　　(6)外觀
價格意見	A 目前接受度(貴－便宜)　B 能接受之價格水準

續表

品牌忠誠度	(1)100%　　(2)80%　　(3)60%　　(4)40%　　(5)不重視
滿意程度及原因	A 很滿意─極不滿意　　B 原因
與替代商品比較	A 優點　　B 缺點
廣告認知印象	A 廣告接觸情況　　B 廣告印象(記憶)　　C 廣告信賴度
不使用者	A 不使用之原因　　B 未來購買意向

心得欄 _____

_____

_____

_____

_____

_____

第 二 章

各種營業主管的工作重點

一、第一線營業主管的職責與條件

營業主管一般可分為三個層次：

(1)高階營業主管

(2)中階營業主管

(3)第一線的營業主管

層次越高的營業主管權力越大，責任越重，面對的挑戰也越大，管理的幅度也越大，在決策上也比較偏重策略性。相反的，層次低的營業主管管理幅度比較小，決策比較容易受限制而且比較偏重實務性。見圖 2-1 所示：

各階層營業主管的工作重點如下：

從推銷員升為幹部的第一個途徑就是第一線的營業主管。

一個營業幹部，從長年的經驗中，累積了廣闊的視野、專業知識、正確的判斷力、為人的魅力等等，才能成長為有效率

的經營者。

圖 2-1　營業主管的層次和權限

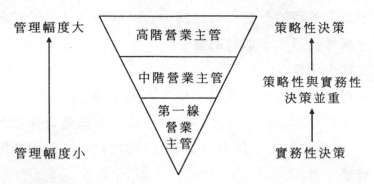

1.首要任務：改變觀念

從推銷員升爲第一線營業主管，首先要做的是：改變觀念。由於無法順利改變觀念的人太多，才產生諷刺這些人的一句話：

「頂尖的推銷員不等於頂尖的幹部」。

改變觀念的意思，綜合來說就是：要瞭解推銷員的工作與幹部的工作，其優先順序完全不同的事實。

例如，在某次商業談判中，推銷員與幹部的姿態就有如下的不同：

推銷員的立場：無論如何也要竭盡全力，使這一次談判獲得成功。

幹部的立場：從公司立場教育部屬的觀點來說，只要企業達到莫大的成果，即令失去這一筆生意也有價值。

由此可見，同樣的一件事，他們的判斷與作法却大不相同，這都是由於各所處的立場以及目的、職責等等，完全不同

之故。

所謂改變觀念，意思就是「迅速轉變此類判斷的準則」。

推銷員的目的，是以自己為中心；而身為營業幹部卻必須「寧可犧牲自己，一切為部屬」。

2.率先示範

領導部屬的時候最要緊的是「率先示範」。

率先示範的時候，應該注意的不是「做推銷員那種水準的工作」，而是「做出足為推銷員當做模範的事」。此中分際必須認識清楚。例如：

(1)早上比任何部屬來得早，下午比任何部屬下班晚。

(2)會議上大家決議的事，一定率先實行。

此類精神上的架勢，態度的積極，萬不可缺。

除了率先示範外，還要在部屬面前保持個人及團隊和公司整體形象，需要在部屬面前注意的是：

(1)不要在部屬面前說些不爭先的話。

(2)不要在部屬面前批評上司。

(3)清掃、整理商品也由自己率先而為。

(4)自己做不到的事，莫推給部屬。

(5)責任歸上司，功歸部屬。

(6)攻擊領先，撤退殿后。

(7)恒保開朗、自信。

上面所說的就是「率先示範」的具體方策。

其次，幹部還有一個責任，那就是讓部屬瞭解下面的事實。

3.具備管理人的基本條件

推銷員有推銷員的基本條件，同理，管理人也有管理人的基本條件。

⑴比部屬懂得多。

⑵精通工作場所的管理。

⑶執行教育、訓練計劃。

⑷鍛鍊出領導者應有的人格。

除了上面所介紹的幾個條件之外，管理人還應率先嚴守規則，這是理所當然的事，但是，指導部屬使其遵守規則，也是管理人不可忽略的工作。

屬下愈多，「揮淚斬馬謖」的態度，愈有必要。

總而言之，身爲第一線主管必須早日具備「正確下判斷」的能力。這種判斷，應是任誰都會稱爲「合理合情」，不違一般常識方可。

4.秉持與部屬平等的態度

升爲主管，就有了各種許可權。例如，辦公桌、椅子都比以前大，也可以向部屬下令。

這時候，最容易掉入一種錯覺，那就是：

這些部屬之所以聽我的話，是由於我的能力比他們高了一截。

如果，更進一步擺出下面的態度；

「我比他們了不起，所以，無須到處奔跑，他們是小職員，本就應該聽我的命令……」。

這種居高臨下的態度一出現，你這個「幹部」就很難做了。

要知道,在你眼前必恭必敬的部屬,在你背後都會大發牢騷。

幹部能夠保持實績,說穿了,是部屬傾力以赴的結果,所以,必須有一種「感謝」的意念與他們相處。

要讓部屬的心跟著幹部走,就不該犯下列禁忌:

(1)以倨傲的態度,憑恃權威而耍架子。

(2)凡事都以命令的口氣出之。

(3)態度蠻橫。

(4)只吹噓自己當年之勇。

(5)公私混淆,用部屬做私人的事。

(6)把部屬的傾訴當作與己無關。

(7)自以為施了大恩於部屬,說話好象硬要部屬表示感激的樣子。

以上這種觀念一旦根深蒂固,團隊力量就自然鬆散,因而難以發揮全力,創下佳績。

5.為**部屬的好處著想**

公司的業績,全靠推銷員支撐。與推銷員晨夕相處的主管,應該時時刻刻想到:

(1)如何促使效率日進?

(2)如何使推銷員在更好的環境下順利工作?

在公司會議上,要從容發言,要為部屬的好處著想。比如:

(1)推銷員的待遇問題。

(2)支援推銷員所需的公司制度的問題。

(3)處理推銷員事務的合理化問題。

(4)推銷用品的開發。

⑸工作時間太久，私人問題大減的問題。

⑹公司應有維持顧客所需的各種配合性制度等等。

只要堅信自己的方案絕對正確，就得堂堂正正提出，且爲這些方案，侃侃而論。

但是，別忘了「企業是追求合理利潤的集團」。這些提議能不能給公司帶來更大的收益。

替部屬的立場著想，又兼顧公司的政策，如此居中協調、調整，這便是第一線營業主管的任務。

6.第一線營業主管的利器

當了幹部後，最能輕易做到的，是活用推銷員時代就具備的行動力。第一線營業主管與推銷員不同的是：

⑴經常與部屬一起行動。

⑵成交的功勞歸於部屬。

⑶抱怨處理或是困難的工作，由自己負責。

⑷職責劃分，一清二楚。

至所謂領導力，是指「以充滿活力的行動與冷靜的判斷力兩者綜合的管理能力」，引導部屬邁向成功而言。

發揮強大領導力所需要的條件是：

⑴迅速決斷。

⑵支援部屬解決問題。

⑶培養自由發言的習慣。

⑷公平處事。

⑸自己做不到的事絕不強求部屬。

⑹遵守集團生活的紀律。

二、中階營業主管的工作

中階營業主管的部屬是第一線的營業主管，上司是高階營業主管，因此，無須直接管理推銷員。

指揮系統的原則是：上司只有一個。中階營業主管直接向推銷員下令，應列爲禁忌。

中階營業主管必須遵守「只向第一線營業主管發出命令」的原則，事關推銷員的管理，由第一線主管來負責，事後聽取第一線營業主管的成果報告——這就是中階營業主管的工作。

中階營業主管負有如下義務：

高階營業主管向中階營業主管指示或發布命令的時候，中階主管必須接受指示或命令，具體地再向第一線主管指示，或是充實戰術內容之後向第一線主管下達命令。此時，要做到內容具體，容易實行。

1.間接的管理

中階營業主管對第一線營業主管應有的用人原則是：

第一階段（率先示範）；做給第一線主管看。

第二階段（指示）：說給第一線主管聽。

第三階段（命令）：令第一線主管做做看。

第四階段（報告）：稱贊第一線主管的努力，並估評其成果。

概括而言，中階主管的主要工作是：

(1)徹底執行命令。

(2)徹底灌輸公司的經營理念與方針。

(3)援助第一線主管完成職務。

(4)第一線主管的教育,指導。

(5)戰術的企劃、籌劃。

(6)站在客觀立場,透過第一線主管指導推銷員。

(7)對第一線主管的私生活提出勸告。

(8)協助與彌補第一線主管的日常工作。

(9)高階營業主管的好幫手。

(10)有關許可權的直接管理。

中階主管對於以上這些工作,必須竭力以赴。

這些工作的六成,無不與第一線營業主管有關,因此,中階營業主管的注意力,當以往下看為宜,這樣的中階營業主管,他的成功比率必定更高。

2. 事務性的工作

中階營業主管這個職位最容易實施「迴圈管理」。具體事實如下:

(1)計劃

擬定計劃的時候,最重要的是:對部屬的實力要洞悉無遺。

其次,再探悉競爭公司的動向。

再次,要探悉對負責地區的顧客狀況,也要了如指掌。

以上這三項基本知識為基礎,編擬符合本公司目標的銷售計劃,才不至於紙上談兵,沙上築樓。

(2)執行

執行,就是依照計劃產生結果所需要的直接手段。

在此行動中,最須要留意的是勞動的品質。

質與量的兩面管理，必須由中階主管主掌。因為，第一線主管通常只能忙於量的達成，無須對質做深入的管理。

所謂「量」，是指勞動時間的長短、訪問次數的多少、訪問產數多少而言。

「質」是指一天中實際的商談時間、意願、誠意、熱忱、推銷技巧等等而言。

如果，只從表面上勞動時間的長短判斷工作品質，就容易產生方向誤導的危險。

⑶**檢核**

對計劃與業績實行檢核的時候，必須徹底追究未達成目標的原因。如果，部屬說：「本月份沒達到目標，但是，下月份我一定加倍努力，設法達到目標。」

對這種極其抽象的答案，也感到滿意，那麼，下月無法達成目標就成為順理成章的事。

⑷**過程管理**

管理人是最需要留意的，不僅僅是計劃、執行、檢核的情形，對其進行過程也有必要的，做密度甚高的管理。

例如，以計劃來說，必須循著年計劃 —— 月計劃 —— 週計劃 —— 日計劃的順序，由大而小逐層分析。

甚至更進一步，要做到下列的三分法計劃：

①上午做些什麼？

②下午做些什麼？

③晚上做些什麼？

每一個階段都要有定出工作量與內容。

身為中階營業主管，若是時時想到如何提高那些經常達不到目標的推銷員「能力水準」，這一團隊的目標達成，就不至於太難。

打出「使低水準銷售人員的工作能力大為提高」的對策，是中階營業主管絕不能回避的課題。

⑸ **培養觀察力**

有些第一線營業主管，工作極其努力，但是，自己却不知道「缺了」點什麼？這時候，中階營業主管必須為他發現「缺少一點什麼」，以及時給以勸言。

換句話說，當事人的中階主管，必須養成「客觀觀察事態」的能力。

⑹ **再檢核**

第一線營業主管檢核過的事，由中階營業主管再次檢核，這種「重覆檢核」的確有其必要。

一個中階營業主管的觀念，如果，不脫離第一線主管的時代的觀念，如此不長進而猶安於中階主管之職，就會形成：「他不在，反而容易進行工作」局面。

換句話說，自己認為可以蓋章才蓋章，稍有不對就不輕易蓋章。一蓋了章，如果發生任何問題，就申辯無用，所以，除非第一線主管的說明能使中階主管徹底領悟，蓋章一事才顯出其意義。

⑺ **「戰術」企劃力**

在一個營業部，把公司的銷售戰略「戰術化」的中心人物就是中階主管。

中階主管的工作與第一線主管的大不相同的地方，不僅僅是在實行力，也要看有沒有戰術的企劃力而評定其能力如何。

所謂戰術，意思是說，在自己負責的銷售地區，如何運用現有的戰力（推銷員的數量與能力），把商品銷售到最多的「作戰方式」。爲了擬定這些戰略，應該準備的事大略如下：

①認識本部門的戰力。

②對銷售地區內的顧客作詳盡分析。

③掌握同業的現況。

④以何種商品做爲主力。

⑤適時的內部競賽計劃。

⑥對外的銷售企劃。

除了這些應該準備的事項外，關於中階主管的戰略化企劃力如何發揮殆盡，他必須具備如下的能力：

①發揮幕僚機能

②反映民意。

③目標的明確化。

④高昂的達成意願。

⑤銷售戰術的企劃與推展。

4.作育部屬

說到營業性質的工作，由於一踏出公司的門，在外面到底是認真工作或是窩在咖啡廳裏偷懶，全靠自己的意志如何，因此，必須具備下列基本條件才能勝其職。

①自製之心要強。

②做事認真。

③目標意識極高。

④具備協調意識。

⑤富於幽默感。

⑥頭腦反應靈敏。

⑦身體健康。

一般而言，錄用一個推銷員之後，很難一下子看出他缺乏的是上述基本條件中的那一種。

完成基本教育之後，接著要實施專業的訓練，它包括：

①商品知識。

②人際關係的認識。

③談判技巧。

④銷售上的外交手腕。

⑤創意的開發。

第三階段就是精神教育。例如：

①如何維持工作意願？

②人生的目標擬定。

③如何從工作中尋出意義？

④如何轉變氣氛，恒保工作精神？

⑤如何與公司內部的人員維持良好的人際關係？

三、高階營業主管的工作

高階營業主管的任務是：綜合運用營業處轄下各部門的機能，達成公司交下的目標。

　　實務上的工作是由第一線營業主管與中階營業主管等中層幹部，各負其責，而高階營業主管的主要工作就是：如何綜合統一這些幹部，使其向更高的目標挑戰，且順利達成目標。

　　所謂管理，就是靠人才、金錢、物件的有機性結合，追求最大的效率。

　　高階營業主管在管理上應具備下列條件：

　　(1)他必須是這一行的老手。

　　(2)他必須是個教育者。

　　(3)他必須是個決斷者。

　　(4)他必須是個溝通者。

　　(5)他必須是個不嫌雜事的人。

　　(6)他必須是個打氣的人。

　　(7)他必須是個精諳部屬心理的人。

　　具備了上述的要素，才能與團隊部屬們打成一片，和睦相處，才具有團隊凝聚力。

1.工作合理化

　　身為高階主管，必須很客觀地觀察工作的進行狀況，此時最緊要的工作就是追求合理化，把一切無謂的浪費，徹底消除。

　　(1)事務要合理化。

　　(2)推銷活動要合理化。

　　(3)顧客管理要合理化、效率化。

2.積極擴展業務

　　正常的企業，每年都要積極擴展業務。

　　處於競爭日烈的工商社會，如果不實施合理化經營，節減

成本，開發新產品，企業的生存就大受威脅。

負責銷售的高階營業主管，必須是個經常思考積極擴大業務的大才。

如果有人問高階主管：

「營業處的規模、人員不變，一年要擴大業績到二成以上，該怎麼辦？」

要回答這個問題，就必須對下列事項逐一加以檢討：

(1)營業處的全體人員，是否活用到銷售戰力上？

(2)管理人本身是否自動從事銷售？

(3)每個推銷員的活動效率，能不能提高三成以上？又，要這麼做，必須採取怎樣的人員管理制度。

(4)顧客管理是否做得週全？

(5)對別家公司的大客戶，是否有一套進攻策略？進攻情況如何？

只要實施以上這些策略，三成左右的成長，應無問題。

3. 許可權的委讓

為了工作的順利進行，為了增進部屬的工作意願，為了提高部屬的能力，許可權的委讓就成為非有不可之事。

職位愈高許可權也愈大，責任也隨著加重。

要把許可權活用到最大限度而完成目標，首要之務是把自己需要掌握的許可權與可以委讓的許可權，劃分清楚。

許可權委讓之時，必須謹記心的是：責任絕不能委讓。

能力愈高的主管，愈能把好多許可權委讓給部屬，自己則從高處下判斷，當部屬向他請教，他就給以適切的助言。

能力拔尖的高階主管，通常是眾所公認的幹才，即使不把許可權緊抱，部屬還是敬重有加，大家無不令出必從。

經營管理上常被提到的一句話是；

「高階主管要以總公司經理的立場去判斷一件事；而第一線主管和中階主管要以高階主管的立場去判斷一件事。」

這就是許可權的委讓很正常，運用上極其順當的情況下才有的現象。

許可權有如一刀之有兩刃。使用錯誤就足以毀掉部屬，或是毀掉自己，因此，必須以莫大的勇氣，慎重運用，方稱允當。

4.人事管理

以銷售爲主的企業，份量最重的當推人才。

所謂「企業在人」、「人才是企業最大的財產」，就是指人才的重要而言。

要使企業蓬勃發展，就必須在人才教育、人才投資上積極下功夫，這已是一種常識了。

⑴适才適用

高階主管要有「讓 A 課員做三者之中的某一種，最有成功的可能」之類的觀人能力，而且早日把他分配在合乎适才適用的原則工作場所。

以訪問式銷售而言，有些人適合做商店的銷售工作，有些人適合做大公司的銷售工作，有些人適合做中小企業的銷售工作。

⑵少數精銳

銷售上最穩當的方法，應該是「少數精銳」主義。只要部

屬有「以一當十」的能力，縱然人數不多，也能創造比以前更好的業績。

⑶**人際關係的調整**

如果遇到中階及第一線的主管與推銷員關係格格不入的情況，或者只會亂說上司壞話的推銷員或第一線主管，必須以嚴厲態度處之。不然會養成「以下克上」的習慣，造成制度體系大亂的後果。

心得欄

_____

_____

_____

_____

_____

第三章

行銷總監要督導各地區域主管

　　市場往往由若干「區域市場」共同組成，市場的開發和經營通常通過「區域分支機構」來進行。區域分支機構是指從屬於廠家的大區、分公司、經營部、地區銷售部、辦事處等各級職能部門，廠家通過區域分支機構經營（或協助經銷商經營）當地市場，將這些分支機構的負責人統稱為「區域主管」。有時，企業採取「委派代表」的方式（而不是設立分支機構的方式）派員進駐目標區域市場，那麼負責該市場的企業代表也屬於「區域主管」。

　　行銷總監下轄區域主管、銷售經理；對於區域市場上的行銷及銷售活動，區域主管負有重大責任。他們肩負著開拓市場的重任，是廠家與市場之間的橋樑。為實現區域目標，需要開展大量的協調、溝通、指導、監督、扶持工作；同時，區域主管也是在銷售一線衝鋒陷陣的人，需要不斷地開拓市場、拜訪客戶、搜集信息、組織促銷或開展其他類型的行銷活動。

一、區域主管角色

　　區域市場的開發、經營這對區域主管提出了較高的要求。從某種意義上講，區域主管需要扮演區域市場策劃者、區域權威、區域領袖、教練員、市場信息的接受者和發佈者等多重角色。此外，在把握好自身角色的基礎上，區域主管還需要科學、合理地安排工作時間。

1.區域主管職能

　　區域主管是廠家在當地的全權代表，全面負責當地市場的開發和經營，並對區域銷售目標負主要責任。

　　區域主管向銷售經理(廠家銷售部負責人)彙報工作並受其領導，在指導和管理區域內銷售工作的同時，還需要協助市場部做好區域市場的調研、宣傳、促銷等活動，其主要職能如下：

　　(1)分解落實本地區銷售目標，費用預算和貨款回籠計劃；

　　(2)負責區域內銷售目標的完成及貨款回籠；

　　(3)選擇、管理、協調區域分銷管道，依照廠家整體行銷政策建立區域銷售網路，並加強售後服務及資信管理；

　　(4)公平制定和下達區域內業務代表的目標；

　　(5)定期拜訪重要零售及批發客戶，並制定促銷計劃；

　　(6)負責區域銷售人員的招募、培訓及考核；

　　(7)指導區域業務代表開展業務工作，並接受其工作彙報；

　　(8)選擇並管理區域內的分銷商；

　　(9)定期、不定期地開展市場調查；

(10)與主要客戶密切聯繫；

(11)向銷售經理提供區域管理、發展的建議及區域市場信息；

(12)負責本地區定貨、出貨、換貨、退貨信息的收集或處理；

(13)負責管理並控制區域內各項預算及費用的使用，負責審查區域銷售人員（業務代表、理貨員和促銷員的費用報銷，並指導其以最經濟的方式運作；

(14)處理（或協助經銷商處理）呆賬、壞賬、調價、報損等事宜；

(15)制訂各種規章制度；

(16)接受銷售經理分配的其他工作。

2.區域主管角色

因工作需要，從某種程度上講，區域主管得扮演市場策劃者、區域權威、區域領袖、教練員、市場信息的接受者和發佈者等多種角色。

(1)市場策劃者

區域主管通常具備較強的市場策劃能力。這種能力對鞏固和擴大本廠家產品在區域市場上的佔有率非常重要。

市場的開發和經營是綜合運用各種資源，進行整體產品推廣、市場開發的過程。爲了應對競爭，除了需要背靠廠家的戰略部署，區域主管還應針對具體區域進行具體策劃（如確定地區管道形式，對四大促銷組合工具進行綜合策劃並組織實施），爲熟練運用各種競爭手段，區域主管必須具備豐富的市場經驗和較強的市場策劃能力。如果說行銷能力有「軟、硬體」之分的話，那麼，行銷人員的素質就是廠家的「軟體」。廠家的「硬體」

（資金、設備、廠房等）通常相對不變，並且相對有限，如何利用有限的資源去開拓廣大的市場，這對所有行銷人員，尤其是行銷管理人員提出了較高的要求。作為區域市場的全權代表，區域主管對當地市場的開拓和提升負有重大責任，要完成或超額完成廠家下達的各項任務，必須預先制定詳細的地區銷售方案，做到謀定而後動。一言以蔽之，一定的市場企劃能力是區域主管的必備素質。

(2)區域權威

區域主管擁有豐富的產品知識、市場知識、銷售技能，並具有良好的管理及溝通能力。優秀的區域主管會經常指導客戶的經營活動，做客戶的好參謀並贏得客戶的高度尊重；優秀的區域主管通常會對銷售人員（包括經銷商的銷售人員）進行系統的銷售培訓和工作指導，從而提高他們的銷售能力；此外，區域主管本身優秀的市場開拓能力和市場策劃能力也是奠定其權威性的重要因素。

(3)優秀的教練員

他應該關心銷售人員的生活和工作，經常為他們提出恰當的建議。「一把鑰匙開一把鎖」，對不同的銷售人員，應使用不同的方法來激發其積極性。並把對他們的指導看作自己的一項日常工作，而不會等到年終業績考核時才為其提供回饋和指導。此外，銷售人員往往因思維定勢等原因而不願意創新，要克服這種傾向，優秀的區域主管會鼓勵他們積極創新，比如，通過小型試驗性項目，讓銷售人員檢驗新方法是否有效，在小型試驗性項目中取得成功的經驗，可使他們增強信心，提高創

新的積極性，從而爭取更大的成功。總之，應該通過訓練來使下屬具備嫺熟的行銷技能和過硬的心理素質，從而使其能夠勝任其工作崗位。

⑷區域領袖

區域主管在團隊中最大的作用，不是管理，不是監督，而是「方向指引」和「身先士卒」，優秀的區域主管能讓銷售隊伍保持旺盛的鬥志和高昂的士氣；他在團隊中有較高的威信，並能結合以前的工作經驗，爲區域銷售建立新的運轉機制；他還善於發現工作中的問題、市場中的機會；此外，他還有清晰的思路，能制定可操作的行動方案，爲團隊指明方向。

優秀的區域主管，不會把主要精力放在製作表格、健全規章制度的事情上，他們相信「從辦公桌上面看世界，世界是可怕的」這句格言。他們的特點是愛問、也會問「爲什麼……」。區域主管的威信來源於其工作經驗和工作思路、溝通能力和領導方式、在廠家中的地位、與銷售人員的私人感情。優秀的區域主管在與銷售人員進行工作溝通時，不會扮演「救援者」的角色；不會簡單地只關注問題的解決方案，隨便說出「你幹嗎不……」的話語來，否則，只會把溝通停留在表面問題上。他能創造足夠的溝通機會，能分清那些是藉口，那些是問題本質。

⑸信息接受者

銷售活動需要大量的信息支持，知己知彼，方能百戰不殆！區域主管必須及時把握競爭者的動向、管道的狀況、消費者的反應、創新的銷售方法等「情報」。信息不充分或不準確，就無法展開對自己有利的銷售行動。此外，區域主管還應將搜集到

的信息及時回饋給上級(銷售經理)，便於廠家針對具體問題採取具體措施。

⑹信息發佈者

區域主管是廠家與客戶之間的橋樑和紐帶，除了需要定期將客戶信息及市場信息回饋給廠家(銷售部)外，還需要經常將有關促銷、廣告、產品、價格及其他經營活動方面的信息傳遞給客戶，以便於客戶配合工作或激勵客戶；同時，「向客戶傳遞信息」本身也是很好的溝通機會。

3.區域主管必備素質

區域主管應該在以下幾個方面加強修養：

⑴統帥力

區域銷售隊伍相當於作戰前線的集團軍，區域主管只有具備極強的領導組織能力才能帶領團隊完成預定的任務或超額完成任務。

⑵指導力

作為區域市場的負責人，區域主管的職責是帶領自己的團隊完成公司的銷售指標。作為區域主管和普通銷售代表的區別就在這裏：你要通過你的團隊來獲得成功！能否對你的下屬進行有效的指導和激勵，以推動他們更好地完成工作，將成為你成功的關鍵所在。

⑶洞察力、判斷力

市場瞬息萬變，區域主管只有具備極強的洞察力、判斷力才能因地制宜、因時制宜，及時制定或調整銷售計劃或策略，從而保證銷售目標的順利實現。

(4)創造力

兵無常道，面臨著激烈的競爭，區域主管必須具備非凡的創造力，只有這樣才能打破常規，出奇制勝。

(5)交際力

即社交能力。區域主管身處銷售一線，接觸銷售管道的各個環節及其他相關的方方面面，必須具備很強的交際能力才能在開展銷售活動中做到胸有成竹、遊刃有餘。

(6)體力、意志力

銷售工作需要耗費大量的精力，在實際操作過程中還會碰到重重阻力。如果沒有充沛的體力和頑強的意志力，很難持久。

(7)個人魅力

個人魅力是一個人學識、性格、儀表、談吐、舉止等各方面的綜合表現，良好的個人魅力是開展工作的重要保證。

(8)良好的心理素質

區域主管應有失敗之後重振旗鼓的能力。必須保持穩定的心理，既不會因成功而喜形於色，也不會因挫折而灰心喪氣。

二、區域市場作戰方略

區域市場的作戰方略是決定地區市場銷量的主要因素。在作地區市場作戰方略決策時，必須重點考察以下幾個方面，通過這些方面的處理可以形成戰略處理的方向。

1.分析現狀

設定目標之前，應確切地把握目標區域的現狀。首先，應

瞭解本企業在該地區的市場地位（如知名度、美譽度情況），同時，還必須準確地把握該地區的競爭狀況和競爭關係。其次，必須客觀地對本企業在目標區域市場上的實力做一個客觀的評價：本企業到底屬於強者還是屬於弱者，因爲強者與弱者的作戰方法會有很大的區別。此外，還應根據本企業的資料作銷售分析（如預計的銷量、毛利等），其他問題如銷售費用、運輸距離等也應事先作相關關係分析。

2.設定目標

目標是銷售團隊行動的標的和方向。

區域市場的行銷及銷售目標務必清楚、具體，並銘記在心。同時，還要設法擴大銷售、提高毛利、節約銷售費用、減少不利的買賣，使銷售行動能取得最大的成果。在設目標時，應盡可能用數字來描述。

3.製作銷售地圖

銷售地圖是一種常用的區域作戰工具，製作並使用銷售地圖可以使銷售活動視覺化，從而達到一目了然的效果。

因地區不同，有時需要地圖，有時不需要地圖。普通地圖因爲是彩色，不易閱讀，可先將其複印成黑白地圖。在黑白地圖上填上顧客層分佈情形、競爭者的據點分佈、交通不便點、重點地區的設定、訪問路線、人口、普及率、市場佔有率等內容，即成爲銷售地圖。關於銷售地圖的內容及製作可歸納如下：

(1)將五張厚紙板重疊起來。

(2)擺上黑白地圖。

(3)切除地圖週邊的厚紙板。

(4)用膠帶把地圖固定起來。

(5)準備大頭針。

(6)標示大頭針的顏色,使之具備相應的意義。如紅色表示大客戶,橙色表示次要客戶,白色表示無關係的客戶,藍色表示冷淡的顧客。

(7)把大頭針剪成二公分長。

(8)把顧客的種類用大頭針插在地圖上。

(9)向藍→白→橙→紅的方向努力,開拓再開拓,目標是要使地圖上形成「紅針一片」的效果。

4. 市場細分化

為利於銷售行動的進行,需要對當地的市場作進一步區分,一般有以下區分原則可供參考:

(1)顧客為何購買?這是購買動機細分原則。

(2)顧客在什麼時候購買?這是購買時機細分原則。

(3)那些顧客在購買?這是交易主體細分原則。

(4)顧客購買那些產品?這是交易客體細分原則。

(5)顧客在那裏購買?這是交易地點細分原則。

(6)顧客用什麼方法購買?這是交易方法細分原則。

常見的失誤之一是把自己的區域當作單一市場,籠統地一把抓,結果市場的任何一處都無法打入,一無所獲。把單一市場依上述層面分為六個層面,把它當作若干個不同的單獨市場來處理可能更容易打開市場。應將交易地點細分原則時刻牢記在心,將所在的地區進行細分,並仔細研究。具體而言,在區域的某一處,那些客戶對本企業的那些產品有需求?需求量有

多大？實際購買量已經有多少？在這些認識的基礎上詳細擬定作戰計劃。

5.採取「推進戰略」或「上拉戰略」

關於區域促銷戰略(這裏指廣義的促銷,廣告、公關、銷售促進、人員推廣等方式),通常有兩種可供選擇:推進戰略、上拉戰略。正常的操作應該是雙管齊下,兩者不可偏廢。實際上,在確定兩種戰略的輕重時還應該根據企業及目標區域市場的實際情況來定。以某食品企業爲例,該企業擁有全國性的銷售網路,收益在年年增加,發展潛力很大。作爲一家製造廠商,該企業認爲下列網路狀態最爲理想(簡稱狀態 A)。

狀態 A:一家批發商擁有 60 家零售店,每家零售店各擁有 60 個顧客。

如果產品的效用價值及其他條件一定,但目前的網路狀態如下(狀態 B),該採取何種銷售戰略呢?

狀態 B:一家批發商擁有 20 家零售店,每家零售店各擁有 100 個顧客。

分析可知,狀態 B 的批發商層次的佔有度(與企業來往的店數/總店數)非常低,但是零售店層次的佔據率卻很高。這意味著在顧客層次,該企業的品牌知名度相當高,但還沒有充分銷售到大多數零售店中去,也就是說,批發商的力量很脆弱。在這種情形下,無論是製造廠商或批發商,都有必要多僱傭業務員,積極建立銷售網路,也就是說,應展開「推進戰略」。

又比如,其他條件都一樣,而目前顯示出來的網路狀態如下(狀態 C),該採取何種銷售戰略呢?

狀態 C：一家批發商擁有 100 家零售店，每家零售店各擁有 20 個顧客。

分析得知，狀態 C 意味著批發商層次的佔有度很高，但是在零售店層次的佔據率卻很低。這說明過去在流通階段已經下過功夫，也就是「推進戰略」相當積極，但就末端顧客或使用者而言，使他們對產品發生興趣的「上拉戰略」還是做得不夠。因此，應該有效地使用電視或其他媒體編列預算，執行「上拉戰略」。

6.讓業務員知道活動目標

在展開地區市場攻掠作戰時，最後的決勝權掌握在業務員手裏，他們是真正與競爭對手短兵相接的勇士。所以對業務員的人格、知識、經營、態度、機動力等做過綜合評價之後就應把活動目標徹底讓他們知道（如銷售額目標、毛利目標、每天平均訪問客戶數、新客戶開拓家數、貨款收回率等）。區域主管可以給他們設立 5～6 項目標：僅僅將活動目標僅僅界定為銷售額，銷售可能會無利可圖；目標太多，業務員可能會陷入「坐也不是，立也不是，動也不是」的焦躁狀態。給業務員設定 5～6 項目標後，區域主管應引導他們去實施，這樣，業務員的工作才會更充實，工作品質也才會得到保障和提高。

三、區域市場的經營

規劃並經營「責任轄區」是區域主管的一項重要工作。下面將討論如何規劃業務員的責任轄區、如何經營責任轄區。

1.規劃業務員的「責任轄區」

⑴規劃每個業務員的責任轄區

比如，某區域市場預計有 5 位業務人員，如何將區域市場適當地分配給他們呢？區域主管需要考慮業務員的工作狀態（何種工作）與工作負擔能力（如巡廻轄區的面積、經銷商的數量等）。這 5 位業務員的業務多半是負責商品介紹與促銷、承接訂單、銷售服務、信息回饋等工作，由於牽涉到無數次經銷商拜訪工作，每位業務員在開展工作時，必須對「銷售路線」加以管理。

為達到有效經營，區域主管必須對責任轄區、業務員數目、業務員的銷售路線三者進行協調。由於業務員的績效通常跟拜訪客戶（經銷商）成正比關係，所以，在規劃業務員責任轄區大小時，要考慮經銷商數量、經銷商分佈的密度、拜訪次數、每位業務員當天出勤時間等因素。例如，每人每天拜訪 6 家經銷商，每月拜訪 130 家經銷商。若經銷商數量多，而業務員數量不足，勢必無法深耕市場。

除「拜訪經銷商效率」外，另一重要考慮因素是「配送效率」。由於配送是一種實體運輸功能，配送週期與配送距離的相關性很高。例如，30 公里是半天的配送範圍，那麼 60 公里就得花費一天的時間來處理。如果業務員轄區加大、工作量增加，區域主管就必須調整業務量和業務員的數量。

⑵規劃業務員責任轄區的銷售路線

責任轄區劃分到人後，業務員必須有效經營、管理自己轄區內的客戶，視客戶的重要程度、任務的不同按銷售路線分別

進行拜訪。「銷售路線」是指銷售人員每天（或每月）按照一定的路線對區域內的客戶（主要是零售終端）進行巡迴拜訪，以完成每天（或每月）所訂的銷售目標。規劃「銷售路線」有以下好處：便於把握每一零售店的銷售態勢與銷量的變化，進而作爲設定未來銷售目標的基礎；爲新品上市、促銷活動在路線（或網點）選擇上提供參考依據；便於爲客戶提供定期、定點、定時的服務；便於徹底瞭解客戶的存貨週轉情況及銷貨速度。

2.經營責任轄區

⑴繪製「責任轄區地圖」

區域主管可以在當地的地圖上用色筆繪製出業務員的「責任轄區圖」，再將轄區內的客戶一個一個地按實際位置標出，既要標出競爭對手的客戶（可用黃色標出），也要標出本企業客戶（可用紅色標出）。根據「責任轄區圖」就可以估算、計劃出本企業在此轄區內的競爭地位與市場活動戰略。

⑵利用「責任轄區地圖」檢討銷售戰略

區域主管、業務員可以經常使用「責任轄區地圖」檢討本區域的銷售戰略與行動，如經銷商的分佈是否適當？特約經銷商的服務範圍有多大？從市場佔有率來看，本企業在那些地區勢力強？那些地區勢力弱？那些地區有發展潛力？是否有進一步增加經銷商數量的必要性？相應地區業務員的業績達成情況如何？配送路線是否科學、合理？如何才能降低物流成本？等。

⑶責任轄區的行動順序

即建立「責任轄區地圖」內的行動順序。業務員在責任轄區內的工作包括拜訪、推銷、送貨、收款、服務等，這些活動

應有計劃、有效率地加以進行。簡單地說，主要包括以下工作：

　　①通過市場開拓、逐家拜訪「責任轄區」內的經銷商搜集客戶資料(位址、負責人、銷售內容、類型、業績、佔地面積、進貨聯繫人、結款部門等)，並建立客戶資料檔案。

　　②在「銷售地圖」上圈出「責任轄區地圖」。

　　③在「責任轄區地圖」上逐一標示客戶位置。

　　④整理區域內的客戶資料，以便於確定拜訪順序和拜訪週期(例如，該路線共 25 家客戶，每週巡廻一次)。

　　⑤爲確保效率和任務的實現，每一條「銷售路線」應規劃一定的里程數(如 50 公里以內)。

　　⑥每條銷售路線的確定，應以轄區業務員能照顧到爲原則，業務員按照既定路線逐一拜訪客戶。

四、區域工作要點

　　作爲鎮守一方、獨立工作的區域主管，爲了全面有效地開展工作，必須對自身角色有足夠的瞭解和把握；另外，在溝通和協調過程中，還應掌握一些工作技巧和原則。區域主管「六」大理念分解、區域日常工作要點和區域主管工作時間安排三個方面分別進行描述。

1.區域主管「六」大主要任務

⑴管理管道

　　廠家和管道之間多半是交易關係(真正上升到「戰略夥伴關係」的尚很少)。經銷商所期望的是獨家壟斷經營、更高的毛利、

更快的週轉率、更高的資金報酬率、更小的資金壓力和庫存壓力,所關心的是資金和利潤,不一定會注意去培育健康的市場。而廠家所要的是健康的市場秩序、更大的市場佔有率和更快的資金回籠。廠家與管道成員之間的出發點未必完全一致,所以需要區域主管來協調管理。區域主管需要調合廠商之間的矛盾,引導經銷商投入到有利於本企業發展的方面上,從而實現本企業的利潤目標和長遠規劃。

(2)扮演好供應商的角色

區域主管是企業與經銷商之間的橋樑,代表企業全權處理與經銷商合作過程中所出現的各類問題,比如,區域主管需及時向上級機構回饋經銷商的意見,並向經銷商傳達本企業的最新政策;要注意及時幫助經銷商調換破損的商品;應儘量幫經銷商減少「即期品」(即將到期的商品)出現,一旦出現應盡力幫其解決(或退貨,或儘快促銷幫其消化);對於因產品品質問題導致的經銷商下線客戶抱怨,應及時向上級機構彙報,爭取儘快解決,以消除負面影響;等等。

(3)樹立專業形象以贏得客戶的合作與尊重

區域主管應定期拜訪客戶,以建立並維繫良好的「客情關係」。由於經銷商的專業能力、專業素質未必都會很強,所以其經營活動可能會表現出一定的粗放性和盲目性。比如,由於其經營的商品品種可能很多,經銷商自己無法弄清各類產品的當日銷售情況、回款情況,也不清楚自己的盈虧狀況,不清楚各個品種的實際獲利狀況,往往只是憑感覺在作產品的分銷,只在月底或年底盤點時才看到具體的效益情況。由此,可能經常

會造成市場斷貨、倉庫壓貨、「即期品」出現等大家都不願意看到的不良後果。作為鎮守一方的廠家代表，區域主管應該有較高的專業造詣，如此，才能在實際工作中指導經銷商開展各項工作！當客戶意識到區域主管比他更專業時，他會把區域主管當成自己的顧問、老師，如此，區域主管才能真正獲得客戶的尊重並對客戶有較大的影響力。

　　具體地說，區域主管可以通過開展以下工作來贏得客戶的合作與尊重：

　　①幫助經銷商建立「進、銷、存報表」

　　幫助經銷商建立「進、銷、存報表」（記錄上期存貨、本期進貨、本期存貨的報表）、安全庫存數，從而幫助其作好庫存管理。

　　「進、銷、存報表」的建立可以讓經銷商知道其某一週期實際的銷貨數量（實銷＝上存＋本進－本存）和利潤，區域主管提供的「安全庫存數」（安全庫存數＝上期實際銷量×1.5）可以提醒客戶合理安排進貨。此外，幫客戶建立「先進先出」的庫存管理原則，也可以讓客戶減少損失。剛開始時，經銷商可能不在乎，但需要耐心地去做，堅持定期把報表提供給經銷商，如進貨數量、庫存數量、實際銷售數量、利潤情況、已經低於安全庫存數的品種、「即期品」的數量等，慢慢地，你就會贏得客戶的尊重和感激。

　　②陳列效果的促進

　　對於一些能使客戶產生購買衝動的產品而言，良好的終端佈置和陳列會大大刺激產品的銷售，所以，每次拜訪客戶時都

去注意幫助幫助經銷商做好終端陳列工作。

③網路維護

要照顧好客戶的客戶，區域主管可以與經銷商一起去拜訪經銷商的重點客戶，以幫助其維持其自己的客戶關係並協助其開發新的客戶資源。這樣的做法很容易贏得經銷商的信任和感激。

④理念引導

區域主管要定期跟客戶「宣講」一些行銷理念，比如：鋪貨、售點廣告、商品陳列對銷售的促進作用；庫存管理對經營活動的改善作用；建立下線客戶檔案的好處；與下線客戶溝通的技巧；有效的管理制度對經營活動的促進作用；等等。

⑷樹立經銷商的信心和對本企業的歸屬感

如果經銷商不認同本企業的行銷策略，對經營前景信心不足，那麼他就不可能對本企業的產品及品牌投入較多的資源。

區域主管應爭取與客戶共商市場拓展計劃，新客戶尤其需要這項協助。如果區域主管能引導客戶共同制定切實的市場目標和具體的市場計劃，客戶的信心可能會大大增強。在協助客戶制定工作計劃時，要從實際出發，第一步做什麼事，什麼時間完成，投入什麼資源，期望達到什麼效果，第二步怎樣，第三步怎樣……如此實事求是地進行規劃，客戶才會有信心和安全感；另外，工作計劃要有階梯性，要把長期目標分解為階段目標，再落實到具體動作，這樣，隨著階段性目標的逐步實現，經銷商的信心會一步步增強。

(5)做一個有企劃頭腦的區域主管

市場千變萬化，充分熟悉市場、分析市場、把握商機、擴展業務、打擊競爭對手是使區域業務獲得進展的重要保障。

①建立經銷商檔案

所建立的檔案應包括經銷商主要負責人的姓名、電話等基礎資料，還應該包括其從業人員、運輸能力、流動資金、經營意識等資料、市場覆蓋面等指標。

②瞭解當地環境

包括人口、人均收入、主導產業、面積、交通情況、與中心城市的距離、行政區域劃分、週邊鄉鎮的規模等資料。

③瞭解當地的消費者特徵、媒體特徵和管道特徵

比如：在回民聚集地，黃色、綠色的包裝較受歡迎，而紅色包裝則不易被接受；二、三級城市白酒銷量大，春節的白酒銷量明顯高於大中城市；二、三級城鎮的機動三輪車是很好的傳播媒介，Road Show 彩車宣傳等形式很受歡迎；H 市的量販管道特別發達；在各省交界的小城鎮裏，批發商的數量遠遠多於零售商的數目；等等。

④瞭解競爭品

比如：競爭品的包裝、規格、口味(食品類)等產品特徵；競爭品的經銷價、批發價、零售價及各級管道利潤；競爭者的管道掌控力度(包括對分銷鏈的介入深度)；競爭品在當地媒體的廣告投入情況；競爭品在當地的促銷力度；競爭品在當地的鋪貨率、生動化效果及大致銷量；等等。

⑤企劃

掌握了上述各項資料，區域主管對當地的市場就有了更深入的瞭解和預測。市場上一旦出現競爭品的攻擊或本企業的產品滯銷的情況，區域主管就可以從產品、價格、利潤、管道掌控力度、市場覆蓋、消費者認知度、廣告、促銷力度等方面著手，分析問題的癥結，從而為制定應對策略（有時，由專門的企劃部門來制定應對策略）提供充足的市場資料，也有助於企業及時打擊競爭對手。

⑥自我反省

區域主管應定期反思本區域內的一些行銷工作，比如：中心城市批發零售管道、鋪貨、售點陳列等環節很重要，在這些方面我們是否還有較大的提升空間？良好的管道秩序能確保各級客戶的利益，現在的管道秩序如何？市場已經覆蓋到那些區域，週邊區域、縣城、鄉鎮、農村有沒有較大的市場空白？自己對本地市場是否已經十分熟悉並及時採取了相應的行銷策略來打擊競爭者，以鞏固自己的市場？是否已經不折不扣地執行了公司的行銷戰略和企劃方案？消費者對本企業產品的認知度、美譽度如何？等等。

2.區域日常工作細則

在開展工作時，區域主管應把握一些原則和注意點。這些日常工作涉及區域業務計劃、區域業務管理、區域銷售業務、信息管理、接受業務稽查、與公司（總部）保持良好的互動、正確地處理與上級的關係等7個方面，詳細內容如表3-1～表3-7。

表 3-1　區域業務計劃

內　容	注　意　點
訂立業務計劃的方法	1.仔細研究其與公司總部的業務方針、計劃的關聯性 2.應當充分分析過去的實績，並徹底調查、搜集情報、分析區域市場的內外環境，儘早訂立計劃 3.不要使用前期的計劃或訂立一貫性的計劃，計劃要有創意和挑戰性
業務計劃的依據和內容	1.依據：區域市場的規模、與公司的關聯性、業務內容等 2.內容：應訂立關於整個區域市場和個別單元(如單個銷售人員、單個產品等)的業務計劃
區域業務計劃與區域主管的關係	1.區域主管是訂立區域業務計劃的中心人物 2.對於部屬制訂的個別計劃應詳細審閱 3.區域主管負責計劃的確定施行

表 3-2　區域業務管理

原　則	詳細說明
應有自主性	1.區域機構及區域主管應對業務的拓展作自主性的管理，不要總在公司(總部)的督促下實施 2.區域從業人員應依據自己的目標及計劃行動，作自主管理 3.區域主管應使上述兩項制度化
掌握動向	1.需確實、迅速地掌握區域機構及員工個人的動向 2.及時瞭解業務拓展的情形和動向，並據此採取必要的措施和對策
缺陷或障礙的處置	1.對業務進展方面的缺陷或障礙應及早處置，這是區域主管的職責 2.對上級銷售部門有疑問或需要上級機構支援時，應儘快與上級機構進行協商

表 3-3　區域銷售業務

內　　容	詳細說明
區域銷售業　　務	1.區域銷售業務與公司整體銷售業務並無特別的差異 2.應配合公司整體銷售政策及促銷政策
銷售方針與　政　策	1.應瞭解公司整體銷售政策，並據此確定區域市場的銷售方針與政策 2.銷售政策包括商品政策、客戶政策、銷售方法、宣傳廣告方針等
促銷方案的　企　劃	1.地區促銷方案由地區機構及主管負責進行 2.地區人手不夠時可向上級機構的促銷企劃部門尋求指導與協助

表 3-4　信息管理

內　　容	詳細說明
信息的內容	1.對搜集得來的信息應加以研究 2.信息應是與區域市場業務開展有密切關係的重要資料 3.區域主管應對信息的內容加以取捨
信息搜集方　　法	1.針對公司及區域分支機構內的信息應由特定的人負責，並決定信息的搜集方法 2.針對公司及區域分支機構外的信息搜集方法應注重研究，對非公開的、機密的信息則需要個別研究其搜集方法
信息的整理與　活　用	1.信息應系統地加以分類整理，以便隨時採用 2.搜集、研究信息的目的在於活用，應讓相關人員徹底明確信息的內容及應用的方法 3.信息應不斷地整理、更新

表 3-5　接受業務稽查

內　容	詳細說明
做好事前 審　　閱	1.接受定期稽查之前，區域主管應對主要項目做事前的審閱 2.針對審閱時發現的問題，區域主管不要隱瞞或採取敷衍的態度 3.發生問題時，要反省自己的不週並考慮根本的對策與合理的措施 4.平時注意審閱，抽查時才不會有問題發生
對待經辦 人的要訣	1.不必阿諛奉承、卑躬屈膝，也不必仗勢欺人 2.應保持冷靜、溫和、公正的態度 3.慰勞經辦人
被指責有 問　題　時	1.被指責有問題時，應冷靜、坦率地聽取 2.自己有錯誤時，應立即採取措施加以改進，而不要加以辯解

表 3-6　與公司(總部)保持良好的互動

內　容	詳細說明
採取主動、 積極的態度	1.區域市場在運營上應與上級機構及公司(總部)保持良好的互動關係 2.區域主管應利用各種機會、方法與上級機構或公司總部保持良好的關係 3.不可對公司盲從，應存在善意的對抗意識
正確聯絡、 報告、洽談	1.規定的報告和有價值的信息應迅速、準確地送達給上級機構或公司(總部) 2.業務上的聯絡、洽談應經常進行 3.區域主管和區域分支機構應主動與公司(總部)聯絡

表 3-7　正確處理與上級的關係

內　容	詳細說明
把握上級的方針與想法	1.區域主管應正確地把握上級的方針與想法 2.若對上級的方針不瞭解，應主動請示
指示與命令的接受方法	1.接受時應力求明確，有不明之處應有禮貌地請教 2.要以愉快、熱心、富有誠意的表情與態度接受 3.將重要的事項要記錄在備忘錄裏
報告、聯絡的要點	1.按規定報告、聯絡 2.報告時應提出結論，並配合上級的詢問及時間限制 3.書面報告應站在審閱者的立場來寫
告誡與責備的接受方法	1.對告誡、責備應虛心地接受，不要當場辯解 2.若上級的告誡有明顯的錯誤，應另外找機會委婉地說明

3.區域主管工作時間安排

　　每天，區域主管都會面臨大量的工作，那麼，如何才能有效地分配自己的時間呢？美國著名學者梅斯特(David H.Maister)認為區域主管應合理安排以下 4 類工作時間：行政和財務管理工作、個人行銷和推銷工作、客戶關係培育工作、員工指導工作。

⑴行政及財務工作

　　區域主管的行政(有時也包括財務管理)工作往往非常緊迫。如果區域主管不能做好這類工作，必然會影響目前的經營業績。然而，光做好行政管理工作還遠遠不夠，區域主管必須對行政管理工作予以高度重視，但卻不必花費太多的時間，可以委託辦公室人員處理日常行政(或財務)問題，從而使自己有

更多時間來從事更重要的工作。一個可以參考的原則是：如果區域主管在行政和財務管理工作中花費了　10%以上的工作時間，他就不再是銷售及銷售管理人員，而是行政人員。

⑵個人行銷和推銷工作

要贏得員工和客戶的尊重，區域主管必須積極參與行銷和推銷活動。由於下屬（專業銷售人員）可能無法單獨做好業務開發工作，區域主管應教會專業銷售人員如何向客戶推銷並提供專業服務。需要提醒的是，區域主管不應代替專業銷售人員去完成某項銷售工作，區域主管首先應該是一名「教師」，其次才是實際工作者（行銷和銷售人員）；區域主管是應該做好指導工作，也應該從事實際工行銷和銷售工作，但必須明確自己的工作重點。

⑶客戶關係培育工作

與客戶建立、維持良好的「客情」關係是區域主管的主要工作之一。為了開展客戶關係（客情關係）的培育工作，區域主管需要獨自或與下屬一起拜訪客戶，瞭解客戶對服務的滿意程度，並與客戶共同研究雙方面臨的經營管理問題。這是一項非常重要的工作，區域主管應花 20%～40%工作時間來與客戶及本企業的上級機構進行溝通，以加強企業與客戶之間的合作關係，瞭解客戶的新需要，傾聽客戶的意見，以便於根據客戶的回饋來及時採取措施，從而進一步提高服務品質。

⑷員工指導工作

區域主管應花 30%～60%的工作時間來做員工指導工作，具體地說，就是幫助專業銷售人員（下屬）來解決他們面臨的問

題，指導他們確定工作重點，並協助他們確定奮鬥目標。

區域主管應該通過幫助專業銷售人員成功來取得成功，這是有效利用工作時間的最經濟的辦法。

五、區域分支機構與銷售部的關係

為了有序、有效地開展工作，企業的各部門之間要進行明確的職、權、利劃分，並在此基礎上確定相互間的互動方式。為了便於表述企業總部機構與分支機構之間的關係，本書將企業的機構設置相對簡化（下文同此假設）：企業總部設有「行銷部」，下轄「銷售部」和「市場部」兩大部門；將企業總部負責銷售工作的部門稱為「銷售部」，將企業總部負責市場工作的部門稱為「市場部」，將區域市場上的分支機構稱為「區域分支機構」（也叫「區域銷售機構」）。對於在各地設立了分公司或地區事業部的大企業來說，其分公司或地區事業部的銷售職能部門則相當於各「亞區域市場分支機構」的「銷售部」，但相對於公司總部而言又屬於「區域分支機構」。

銷售部是企業的銷售部門，是企業中的龍頭單位，其日常工作對企業的整體銷售業績影響巨大。區域分支機構是指企業所屬的大區、分公司、經營部、辦事處等區域性行銷（銷售）組織。本質上，區域分支機構是企業銷售部的重要組成部份，主要行使地區行銷及銷售職能。在隸屬關係上，區域分支機構對銷售部負責，受銷售部經理的直接領導和監督，區域主管由銷售經理提名並報批後由銷售經理任命，向銷售經理報告工作並

受銷售經理的監督。

　　區域分支機構主要從事當地市場的產品銷售、網路建設、市場調研、促銷等各種市場行銷活動，是企業與當地市場之間的橋樑和紐帶。作爲區域市場的全權代表，區域主管對區域市場的「開發和經營」負有重大責任。銷售部與區域分支機構的業務關係主要包括以下幾個方面：

　　(1)銷售部向區域分支機構(區域主管)下達年銷售目標和其他市場行銷目標；

　　(2)銷售部爲區域市場提供必要的協助和支援；

　　(3)銷售部爲區域銷售人員提供相關培訓；

　　(4)銷售部授權區域主管行使相關權力；

　　(5)區域主管接受銷售經理的領導和業務稽查；

　　(6)區域主管負責傳達、執行銷售部(總部)下達的各項政策和行動方案；

　　(7)區域主管遵循銷售部的總體市場策略，並結合區域市場的實際情況制定區域市場作戰方略；

　　(8)區域主管應注意跟銷售部主管(銷售經理)保持聯絡，向銷售經理彙報工作，提出市場運作設想和建議，並接受銷售經理的監督和指導。

六、區域主管工作崗位描述

　　1.崗位名稱：區域主管。

　　2.直接上級：銷售經理。

3.直接下級：地區銷售人員。

4.本職工作：聯絡客戶，銷售產品，完成銷售及回款目標。

5.直接責任：

(1)傳達上級指示；

(2)制訂本區域的銷售計劃，經報批、批准後執行，完成銷售目標；

(3)向直接下級授權，佈置工作任務；

(4)巡視、監督、檢查下級員工各項工作；

(5)收集市場信息，及時上報上級主管(銷售經理)；

(6)與各級經銷商保持密集的聯繫；

(7)及時對下級工作中的爭議作出裁決；

(8)參加本地區開展的促銷活動；

(9)建立客戶檔案；

(10)制定銷售人員的崗位描述，並界定好銷售人員的工作；

(11)關心下屬的思想、工作、生活，激發銷售人員的工作積極性；

(12)定期聽取銷售人員述職，並作出工作評定；

(13)填寫過失單或獎勵單，報銷售經理審批；

(14)根據工作需要調配下級員工的工作崗位，報上級批准後實施，並轉入力資源部備案；

(15)定期向直接上級述職。

6.領導責任：

(1)對本地區工作計劃的完成負責；

(2)對完成下達的銷售指標負責；

(3)對保持轄區內的價格穩定負責;

(4)對客戶檔案的齊全負責;

(5)對與經銷商保持良好的關係負責;

(6)對督促經銷商保持本企業產品的市場佔有率負責;

(7)對所屬銷售人員的紀律行為及整體精神面貌負責;

(8)對本地區對企業造成的影響負責;

(9)對本地區工作流程的正確執行負責;

(10)對本地區負責監督檢查的規章制度的實施情況負責;

(11)對本地區所掌管的企業機密的安全負責。

7.主要權力:

(1)有對本地區所屬員工和各項業務工作的指揮權;

(2)有向上級報告的權力;

(3)有對下級崗位調配的建議權;

(4)對下級員工的工作有監督檢查權;

(5)對下級員工的工作爭議有裁決權;

(6)對下級員工有獎懲的建議權;

(7)對下級員工的水準有考核權;

(8)行使銷售經理授予的其他權力;

(9)有對轄區內客戶提供發貨的權力;

(10)一定範圍內的銷售折讓權;

(11)轄區內的調貨權;

(12)一定範圍內的客訴賠償權;

(13)一定範圍內的退貨處理權。

七、銷售經理工作崗位描述

1. 崗位名稱：銷售經理。

2. 直接上級：行銷總監。

3. 直接下級：區域主管（分公司經理、營業部經理、辦事處經理等）。

4. 本職工作：

(1)分析市場狀況，正確作出市場銷售預測報批；

(2)擬訂年銷售計劃，分解目標，報批並督導實施；

(3)擬訂年預算，分解、報批並督導實施；

(4)根據中期及年銷售計劃開拓完善經銷網路；

(5)根據網路發展規劃合理進行人員配備；

(6)匯總市場信息，提報產品改善或產品開發建議；

(7)洞察、預測管道危機，及時提出改善意見報批；

(8)把握重點客戶，控制 70%以上的產品銷售動態；

(9)關注所轄人員的動態，及時溝通解決；

(10)根據銷售預算進行過程控制，降低銷售費用；

(11)參與重大銷售談判和簽定合約；

(12)組織建立、健全客戶檔案；

(13)指導、巡視、監督、檢查所屬下級的各項工作；

(14)向直接下級授權，並佈置工作；

(15)定期向直接上級述職；

(16)定期聽取直接下級述職，並對其做出工作評定；

(17)根據工作需要調配直接下級的工作崗位，報批後實行並轉人力資源部備案；

(18)負責本部門主管級人員任用的提名；

(19)負責制定銷售部門的工作程序和規章制度，報批後實行；

(20)制定直接下級的崗位描述，並界定直接下級的工作；

(21)受理直接下級呈報的合理化建議，並按照程序處理；

(22)負責銷售部主管的工作程序的培訓、執行、檢查；

(23)填寫直接下級過失單和獎勵單，根據權限按照程序執行；

(24)及時對下級工作中的爭議作出裁決；

(25)定期組織召開例會，並參加企業的相關會議。

5.領導責任：

(1)對銷售部工作目標的完成負責；

(2)對銷售網路建設的合理性、健康性負責；

(3)對確保經銷商的信譽負責；

(4)對確保貨款及時回籠負責；

(5)對銷售指標制定和分解的合理性負責；

(6)對銷售部給企業造成的影響負責；

(7)對所屬下級的紀律行為、工作秩序、整體精神面貌負責；

(8)對銷售部預算開支的合理支配負責；

(9)對銷售部工作流程的正確執行負責；

(10)對銷售部負責監督、檢查的規章制度的情況負責；

(11)對銷售部所掌管的企業機密的安全負責。

6.主要權力：

(1)有對銷售部所屬員工及各項業務工作的管理權；

(2)有向行銷總監報告的權力；

(3)對篩選客戶有建議權；

(4)對重大促銷活動有現場指揮權；

(5)有權對直接下級崗位調配的建議權和任用的提名權；

(6)對所屬下級的工作有監督、檢查權；

(7)對所屬下級的工作爭議有裁決權；

(8)對直接下級有獎懲的建議權；

(9)對所屬下級的管理水準、業務水準和業績有考核權；

(10)對限額資金有支配權；

(11)有代表廠家與政府相關部門和有關社會團體聯絡的權力；

(12)一定範圍內的客訴賠償權；

(13)一定範圍內的經銷商授信額度權；

(14)有退貨處理權；

(15)一定範圍內的銷售折讓權。

心得欄

第 四 章

成功的行銷總監

一、行銷總監受歡迎所具備的條件

精力充沛，卓越不凡，這都是傑出的行銷總監所具備的優點。他們受到上司賞識的同時，也會受到部屬的尊敬與愛戴。根據多年的調查測試，具備以下幾種品德與技能的行銷總監最受歡迎。

1.熱忱飽滿

傑出的行銷總監具有積極、樂觀的態度，熱愛自己的本職工作，全身心的投入，任何時候都是精力充沛、神采奕奕，他們熱情的態度也會感染部屬，讓整個團隊都充滿活力。

2.追求卓越

傑出的行銷總監給自己和整個團隊制定高績效標準，激發部屬的榮譽感與參與意識，同心協力，全力以赴。並且不斷自我檢討和改進，精益求精，避免失誤。

3. 明確目標

傑出的行銷總監能够和部屬共同建立與制定明確的目標，而且集中焦點，尋找問題的核心，擬定依先後順序去達成目標，提高績效。

4. 意志堅定

傑出的行銷總監應該不畏困難、不怕挑戰，他們具有無窮的毅力和勇氣，鼓舞帶領部屬一起完成任務。

5. 擅長領導

傑出的行銷總監不但自己的綜合素質強，而且還懂得帶領別人，瞭解每個業務人員的需求，給予適時的鼓勵和輔導，維持團隊的高昂士氣。要擅長領導人的藝術。

6. 善於溝通

傑出的行銷總監具有很好的表達語言能力，能够清楚的表達想法與意願，能努力說服別人，而且也能樂於體面聽，瞭解別人的意見，做到雙向的溝通，不唯我獨尊。

7. 熱心助人

傑出的行銷總監懂得運用自己的知識、經驗和能力去幫助部屬創造更高的成就，他們能真心的關懷部屬，以團隊的成就感為傲，不計較個人的恩怨得失，胸懷寬廣。

8. 不斷學習

傑出的行銷總監學習心強烈，能不斷的吸收新知，而且樂於各部屬分享。他們在學習中成長、改進、充實、不以短暫的成就自足，不「閉門造車」。

二、行銷總監受歡迎所具備的特質

想要成為傑出的行銷總監，光具備以上幾個條件還不行，還必須具備以下幾種特質：

1. 正直
凡事都能秉公處理，不偏袒、不徇私，讓部屬覺得口服心服。

2. 魄力
面對任何狀況都能夠當機立斷，做事請求效率，不拖拖拉拉，猶豫不決。

3. 膽識
具有過人的勇氣，敢於嘗試與創新，不怕失敗與挫折，勇往直前，義無反顧。

4. 彈性
具有包容和應變的能力，以及主動和積極的作為，能夠因應情勢採取對策。

5. 耐心
能夠不厭其煩的指導、訓練、幫助和激勵部屬，同時對於客戶的要求也要非常有理性有耐心的處理。

6. 真誠
真心的關懷部屬與客戶，能夠設身處地的為他們著想，並積極地配合他們解決問題。

三、成為傑出行銷總監的二大要訣

傑出的行銷總監不是先天就練就的，而是經過長期的不斷考驗和磨練，才能脫穎而出，德才兼備。要想成為傑出的業務主管，必須掌握以下 2 個「要訣」：

1.兼顧多重角色

好的行銷總監是一個公司的靈魂人物，必須扮演多重的角色，比如像決策者、管理者、協調者、指導者和推動者。

(1)**決策者**

行銷總監參與公司重要政策和行銷方針的制定。

(2)**管理者**

行銷總監負責業務部門的營運、領導和管理。

(3)**協調者**

行銷總監要與其他部門主管協調，取得一致的共識。

(4)**指導者**

行銷總監透過業務會議和教育訓練指導業務人員的技能和工作目標。

(5)**推動者**

行銷總監推動各項重大的業務活動，如在新商品上市、展示會、促銷活動等。

2.能挑起業務重任

行銷總監的所作所為，會影響業務的成敗、公司的發展規劃和業務人員的前途，因此責任非常重大。傑出的業務主管必

須能擔負起以下五項責任：

⑴ 業績目標的達成和突破

行銷總監要定期的檢討業務人員的銷售進展，幫助並指導部屬達成目標，並透過各種激勵的方法，鼓勵部屬突破業績，發揮更大的潛能。

⑵ 創造利潤

行銷總監不僅只追求銷售量最大化，而且應追求利潤最大化。因此要鼓勵業務人員銷售利潤最高的產品，同時教育人員如何創造商品價值，而非以降價或折扣的方式招攬客戶。

⑶ 開拓市場，擴大業務

行銷總監必須規劃並指導業務人員不斷的拜訪新客戶、開闢新通路、開發新市場，使業務不斷地成長和擴大。

⑷ 建立一流的銷售團隊

行銷總監必須選拔一流的業務人才，給予充分的訓練，透過良好的領導和激勵以鼓舞士氣，組織成一支紀律嚴明、合作無間的團隊精神。

⑸ 運用有效的競爭策略

行銷總監要透過業務人員充分瞭解市場、客戶、商品和競爭者的動態狀況，運用有效的競爭策略來因應，做到「知己知彼，無往不勝」。

第 五 章

不受歡迎的行銷總監

　　作為一名擁有主管高位的領導者來說，也有不受上司和部屬歡迎的。這是由於他們的行事準則、對待工作的態度和相應具備的技能與職責發生錯位。常見的幾種具體表現在以下幾個方面：

一、甜夢未醒型的主管

　　王先生以前是一名基層的普通業務員，可通過自身不斷的努力，逐步走上了今天一家大型電氣用品銷售公司的營業所經理，他曾以營業成績優良而列名於績優主管的前十名，受到表揚。由於過去確實業務輝煌，因此，直到數年前為止，他對自己的作法還是頗具信心，充滿豪氣。

　　可是就在眼前，市場發生了巨變，競爭日益激烈，他正為銷售業績萎縮不振而大感苦惱。開銷不斷地增加，每月都是連

續不斷的赤字。雖然後有總公司的支援，尚能勉強地支撐下去；可是，如果這營業所是一個獨立的公司，而他又是董事長的話，那麼他早就得上吊或關門大吉了。每當想到這裏，他就不由得直冒冷汗，愁眉不展。

營業所能有序的運營，唯一的辦法就是提高業績，首先就必須增加銷售量。因此，他不得不在節省開支，不惜花大錢請顧客看戲，送禮物，又是指導推銷員在訪問顧客時記得贈送毛巾或肥皂等小禮品。可是縱使這樣做，顧客仍不買他的東西。

他不是無能的行銷總監，絕不因為他受過多次的誇獎與表揚。舉辦展示會，以笑臉迎送顧客，走時送客。鼓勵部屬，讓他們相互競爭；並且到關島、香港旅行作為績優的獎勵，來提高他們的士氣。營業量蒸蒸日上，即使是新進人員，雖僅接受三天公司的內部指導，其中竟也有人能很快進入角色，開拓出一片天地。

可是為什麼最近情況每況愈下呢？不管時代如何的演變，人心總不會有巨大的變化吧？我的做法應該沒有錯呀！為什麼東西都賣不出去呢？時至今日王先生還在想應該邀請那位明星來做秀，並沉醉在過去的美好時光裏不能自拔。

像王先生這樣鑽入死胡同的行銷總監很多。因為在不知不覺中自己的做法已經行不通了，但是原因是在那裏呢？與 60 年代的經濟高度或長時期不同的是，現在是「忍耐」的時代。在 50 年代，推銷有明確的方法，就是對推銷員實施扎實的基礎訓練。而且要反復地訓練，使其完全熟悉整個環節的推銷步驟，並確認其每一項要點，讓其完全熟記於心。這種活動的按部就

班地繼續進行就是當時的營業管理。

　　市場說變就變，是由不得人的。在進入經濟高度成長的時期之後，情況完全改觀，國民生產毛額每年巨幅地增加，國民購買力也隨著飛躍性地增加，而致受到外國人之非難被稱爲「經濟動物」。在各公司內部，則有被戲稱爲猛烈社員的賣命分子，比白老鼠還忙碌的工作著，上班時間的負荷在高速運轉。

　　在銷售界也一樣，由於強烈購買力的支援，商品都可能輕易地銷售出去。汽車也好、電器製品也好，都一樣一推出就被搶購一空。各廠商都不斷地企劃增產、再增產。公司的營業部門則每天忙碌地籌劃著舉辦歌舞晚會，遊藝會等，來招待顧客，而每天都可以看到從各歌廳、劇院一批批接受企業招待的人，提著大包禮物如浪潮似地走出來。

　　隨後，某一行業在東京做了消費者的購買動機調查。根據動機調查顯示，以「因爲是媒人，恩師等所介紹而來的推銷員不便推辭而購買，佔購買動機的首位；而以因推銷員帶來了太多各色各樣的東西，所以不好意思拒絕」佔第二位。而業者所希望的「因瞭解商品功能而購買的」是以各種演藝表演會或贈送禮物來吸引顧客，進行所謂的「競賽作戰」，或是「禮物作戰」。

　　但是，這種作戰法也能够算是推銷作戰嗎？是不是由於消費者擁有過度的購買力，所以根本不需要什麼銷售計劃銷售技巧。只要把鑼鼓敲得響，消費者就會自動把東西買光。既不需要市場分析，也不必有什麼推銷教育，只要有耐心和體力；也不必不分晝夜地作拂曉攻擊或夜晚偷襲，只要能睜開眼變換商品，想辦法接近顧客，就有辦法把商品銷售出去。但是，這種

辦法作爲銷售策略，真的永遠有效嗎？這是值得懷疑的。因爲一旦進入目前經濟低成長時代，這種「競賽作戰」和「禮物作戰」的方式不就已經喪失了它原有神通廣大的效力嗎？

現在的買賣是由消費者選擇、購買的時代。所以不僅商品要經得起消費者的細挑精選，連推銷員也會被挑選，而且也要取得顧客的信任，否則根本無法把商品銷售出去，因爲消費者的購買能力已大大的降低了。因此，開拓新市場，尋找新客戶，成爲每個銷售人員的首要任務。所以已進入必須建立新的市場策略的時候了。誰先佔領市場，誰就先擁有消費者，同樣，誰就有商機。

市場是無情的，就像大海的波濤一樣變幻莫測。而有些行銷總監仍然習慣於結網等待顧客上門而後予以捕捉的所謂「守獵型經營」方式，卻仍無法忘懷過去經濟燦爛時期的甜美體驗。除舊推新，不能整日躺在往日的輝煌溫床上睡大覺，是該「洗洗腦」的時候了。

二、完美主義型的主管

人本來就沒有十全十美的，甚至可以說是充滿各種缺陷。陳先生對工作認真，充滿使命感，想盡力做好自己的工作；因此，他對部屬相當地嚴格，要求他們將工作做得盡善盡美，對部屬的缺陷及工作上的瑕疵都予以嚴厲的指責。他確信自己的作法不但是爲部屬好，也是爲公司好。但是不知什麼緣故，該營業部門的推銷員流動性特別的大。總公司也適時的指過一

點，從他上任來一年之間，推銷員的數目從 30 名銳減到 20 名，造成團隊整體意識不強。

這一點對於他來說，委實感到不解；他認為他在各方面的要求完全是為他們好。可是為什麼推銷員大多對他不滿、懷恨，甚至因而辭職。他認為流動性大是由於那些推銷員本身性格上的缺陷所造成的，因而他們沒有耐性……。

陳先生始終堅持自己的想法，但是，流動性大的問題永遠不能解決，也不是他期望所看到的結果。然而，毛病到底是出在那裏呢？

盡善盡美的人是沒有的，正是所謂「人無完人」。但是像這樣的完美主義者，其性格上的弱點是無法忍受部屬有缺點，並喜歡予以挑剔，更不幸的是完美主義者自己又絲毫沒有覺察到自己的這種挑剔個性。我們知道，被別人指責毛病，心裏誰也不舒坦，就是因為這種心理狀態的存在，做起事來也就毫不起勁。可是，完美主義者却這麼簡單的道理都不懂，一味無條件的要求別人。我認為，一個優秀的好主管，則知道如何去贊許別人，他瞭解並容許別人有缺點存在，他更懂得如何讓部屬去發揮他的長處，用以彌補他的短處，使上下溶為一片，提高戰鬥力。

新的職員不會來，原有的推銷員在減少，這就是在完美主義管理者所管制下的結果。縱然有些部屬想介紹新人進來，但一想到自己上司那付裏熱外冷的面孔，怕他那處處挑剔的嘴臉，便不得不打消空虛念頭。由於推銷工作是完全靠人去推動，所以人員的減少，當然也會連帶影響到營業額的降低，尤其目

前，即使增加人員，採用人海戰術來拚圖以求增加銷售也在所不惜時，這種情形更加嚴重。在完美主義絲毫沒有彈性的主管領導之下，職員不但不會增加，反而會逐漸地減少，對公司而言，這可能是一個不好的兆頭，甚至會是致命傷！在經濟高速增長的年代，此類型的主管的缺點還不大成為問題；可是在今後低成長的時代，就可能成為一個首要問題。

他認為辭職的人是自己不對，甚至以為像那種傢夥，少了幾個也不足惜。但是，他又不得不承認人員逐漸減少的這個事實，可是就是不知道怎麼去處理。有時他還天真地想，反正舊的走了，可以補進新的。可是問題的綜結焦點就出現在這裏：「新的人進來沒多久，又被他慣有的挑剔作風趕跑了」。

像他所尋找的理想推銷員，就是絕對符合完美主義性格的人，是可遇而不可求的。當然如果能集中這種人才在他手下，他或許可以發揮他的才幹。但這種人才的集團，就是沒有主管，他們也能够工作得很好。假設真的是這樣，則現代企業界所向往的「沒有主管的管理」，也就可能早日實現，可是，企業並不能僅憑幻想來進行市場運作的呀！

對自己的缺點沒有自覺，只想拼命提高業績。他認為，只要不斷的指出部屬的缺點，便可以提高營業成績。這種做法就好像把部屬放進電腦的軟體裏加以分析，求得一份答案，據此告訴部屬，「你的缺點就是這些。」但如此這樣一來，主管不再是人，而是一部高精密度的機器了。機器和人之間絕不可能會產生感情上的共鳴的，而沒有共鳴，就像是死水一潭，一盤散沙，如果能取得輝煌成果，那不過是天方夜談痴人囈夢了。

最常見的例子是，如果沒有這種共鳴產生，情況又會如何呢？「下雨天你就不出去了，你這個懶鬼！」。以前，他或許偷懶過，但是被責備後，部屬也不高興，「反正我是懶鬼嘛！」或者反而認為：「主管一點都不瞭解我」。會使對方產生這種反應，是完美主義者從沒有料到的。他自始自終認為「推銷員應該是這樣的」，在這種狹義的觀點束縛下，大量的人力資源在悄悄流失。

三、抄襲模仿型的主管

學張三的手法不見效，改學李四的技巧，這樣玩戲法似變來換成，在經濟高成長的時代，張先生以模仿績優為公司的各項作法獲得相當良好的業績。但是近來，他似乎到了山窮水盡的地步了，無論他模仿那一種辦法，都無法再提高營業額。他多次請教於上級主管部門或集團總公司，然而所得到的指示却都是：「應開拓新市場，應重新重視，推銷員的教育等最起碼的常識」。張先生接到這些答覆後却非常生氣，心裏在想，我要的是結果，不是這樣的指示啊！「我雖然不是頂尖最好的主管，但是這些我都早已知道了。我是要你們告訴我增加營業額的秘訣！」。

像張先生這樣的主管以前都是一帆風順的。但是風水輪流轉，而如今却像洩了氣的氣球，垂頭喪氣，一點辦法也沒有。為什麼一到經濟低成長時期，就只有束手無策的份呢？

存在問題的因素雖然很多，但是有一點却是不容忽視的，

那就是他太過於追求模仿別人。問題是：過於模仿別人，就是依靠別人。依賴型的主管不會用自己的眼睛去觀察分析事實，不會動腦筋去思考改進方法，所以他只好專事模仿。而這種模仿方式，又並不是對別人的為人處世作深入的瞭解，並消化別人的想法以及經營管理技能，從而轉變成為自己的技能；而是只去模仿表皮淺顯的技術，無異於猴子模仿人的動作一樣滑稽而又可笑。

在購買力旺盛的時代，這種模仿方式倒還可以呼風喚雨一路綠燈，但是在必須要花費很多時間去培養、去創造顧客的時代，淺顯的模仿就行不通了。因為對事情沒有徹底的瞭解，所以提不出適當的因應對策，因而就只好望天興嘆束手無策了。

因為無法理解別人的業績為什麼會如此地優異，所以即使想模仿在低成長時代仍維持良好成績的別人的作法，也無法辦到了。至於他為什麼不瞭解呢？主因在於不具備與績優主管一樣的心境。他只模仿表皮，所以導致成績無法提高。

一味去模仿別人都有一個共同缺點的，那就是對基本觀念認識不清不夠重視。他們不曉得基本觀念的重要性，而希求那些根本就不存在的東西。要適應經濟低成長的經濟蕭條，並在此艱困的狀況下把營業額增加，必須對商品的市場經濟有正確的分析與掌握；對部屬隨時給予妥切的指導並加以訓練。所謂主管者，必須本身對人生有深刻的體驗，透徹地瞭解。只有對人類學有徹底體會的主管，才能發掘出部屬的種種優點，而給予他們激勵，讓他們有發揮才幹的機會，也才能認清基本問題決策目標並採取相對應的計劃。

　　相同質量相同功能的商品很多，客人是否要購買你的產品，其關鍵，雖然不是絕對的，但仍可以說決定於客人與推銷員所建立的人際關係。如果能使顧客認爲這個推銷員不錯，值得信賴，這樣，你就差不多已經成功了。拋開這個重要的問題，而只教給他：當顧客以沒錢爲由拒絕時，應該回答「大家都是一樣的，所以才要請您買最經濟最實惠的本公司產品呀！」若顧客說「讓我考慮看看，再等一等時」，就回答「把握時機，否則以後再不可能買到這麼便宜的商品。」別太看重這些看起來微不足道的小小細節，使用這種談話技巧，不會産生太大的效果。

　　對於「增加營業額要應施予何種訓練」這一問題時，往往都會變成「要習得一套推銷的技術必須如何去進行」。當依賴型主管要求傳授推銷技術時，並不是不能教給他，而是他根本不去消化，只是囫圇吞棗，其結果只應用了表面的技術，真正的精髓還沒學到，所以最後難逃失敗的慘烈。其實，最重要的並不是推銷技術，推銷的基本在於推銷自己。因此，推銷員應以非常保持良好的心境，以利和顧客談話時，使顧客感到融洽舒適。這種基本的態度才是最重要的。缺乏這種最基本的態度，縱使教會了推銷員再多的推銷技巧，也達不到理想的程度。

　　依賴性主管一向只是捕捉住表面現象而加以模仿，所以經濟繁榮時尙可應付，但因沒有真正的管理基本知識，所以一碰到不景氣，就暴露了其弱點。換言之，他與完全無知的幼童一樣，對東南西北的方位都無法把握，沒有目的，沒有方針。所以他很關心對部屬的威望，因爲時常感到不安；爲了除去這種

不安的感覺，爲了確認自己的權威，常常有些主管對部屬採取嚴厲的態度。即使嚴厲是他的管理信念，但是，當你問他嚴厲的內容具體是指什麼時，他的回答是責罵他們，你若追問「爲什麼罵人？有必要嗎？」他一定會回答：「這樣一來，部屬就不會看輕我。爲了不被部屬看輕，維持我當主管的權威，我必須罵人，這是很必要的。」

而事實上，有經驗表明，能力愈差勁的主管愈時常責罵他們的部屬。他們不瞭解責罵的負作用。如果部屬真的出了錯，你可以指出事實來讓他進行檢討，並予以糾正。大聲責罵，只會造成與部屬之間造成更大的分歧，無法取得相互的信任與合作。

對部屬遲到或早退的處理，對行銷總監來說所採用的方式也有所不同。優秀的主管會尊重事實，會先問明情由，再判斷是非。他以心平氣和的態度問：「你爲什麼早退或遲到呢？」而當部屬回答：「早上搭車時，人太擠了，我的衣服被擠破了，因爲我覺得不好看，所以趕緊到專賣店買了件新的，換了下來，這一折騰就遲了。」「原來如此，下次乘車一定要注意。」這樣輕輕帶過。但最差勁的主管在這種情況下，馬上會生氣拉長著臉，心裏嘀咕道：「懶鬼就是懶鬼，哼！三天兩頭遲到。」

當部屬有了困擾的事，主管獲知後應迅速給予理解並加以解決。只有在這種情形下，才能建立起真正的威信，對於真正懶惰的人，也可以指出事實加以糾正，比大聲責罵他是懶鬼，要來得有效，來得實際。

四、精力枯竭型的主管

　　整天坐在辦公室裏，工作也能够積極，營業報告寫得也整齊，字體也工整，格式和內容也完美無缺，每月按期送達報告給總公司核閱。誰都相信，把工作交給這樣的主管，一定可以放心，值得信賴。然而，事實上，那就太草率了，往往在平靜的表面，隱藏著暴風雨的隨時到來。

　　暴露的問題漸漸浮出了水面：由於沒有過多的事可做，所以才能專心一意地寫漂亮的行銷報告。說沒有過多的事可做，其實並非真的無事可做，主管應該做的事，可以說堆積如山。但因爲他對任何事情都已漠不關心，所以對應盡之職責，如揭示目標、制定計劃，以及如何去完成目標，積極地去鼓勵推銷員展示新的活動等持續性的工作，他都已不在乎，毫無激情，反而專心用於整頓他的辦公室，「閉門造車」。

　　沒有顧客時，他可以整天呆在辦公室裏看看書，聊聊天，打發著平淡的日子；有顧客來時，他慢慢走出來，按部就班。類似這種開香烟鋪老闆似的好好先生，是標準的「看店型」的主管。年齡結構上來區分，大多處在中年末期和老年早期，這時的他們，以缺少激情，沒有拼命三郎的氣魄，沒有行動，整天昏昏沉沉，不知所然，對任何事都能容忍。業績不好，他不會著急，只會說：「業績不好是沒有辦法的事，不能太苛求呀，現在經濟普遍不景氣嘛！」他的心態平靜寧和，沒有衝動，就好像生活在極樂世界中一樣。因爲無事可做，他可以將地板拖

得光亮照人，抽屜整理得乾乾淨淨，報告文件寫得一絲不拘，看起來好像把事情處理得井井有條，實際上，他連一點做事的精神也沒有，整日無精打采。

這樣的主管就好像沒有啓動器的機器一樣，無論怎樣裝備動力，它都不會發動。這與他的人生目標有深切的關係。因爲到了 50 歲，有了儲蓄，也有房子，兒女也早已安排好，他還投了晚年的保險，生活對於他來說了，再也沒有什麼可企求的了，所以，任憑你怎樣地推他、激他、也不會產生任何效果。正所謂「沒有壓力就沒有動力。」沒有動力，營業額也怎麼能上的去呢？唯一的辦法，只有請他走人，別無他策。

五、逃避現實型的主管

「絞盡腦汁擬妥各項對策，可是部屬就是不肯合作，不理會我的指示，都是一些脾氣古怪，這裏誠實可靠的人一個也沒有，派我到這個地方這樣的環境下工作是毫無道理的。和這些人在一起，要我提高業績，這簡直是不可能的事！」

身爲行銷總監的劉先生，在寫給總公司的工作報告上這樣訴苦著。

漸漸地，劉先生就意志消沉，心情一直都不開朗、心裏只渴望早日逃離這個地方。

如果作爲一名部門主管來說，抱定了這種心理，部屬的反應也就可想而知了，他們能很敏銳的覺察到上司這種逃避現實的心理。事實上，也只這一類主管不知道他的心理早已被部屬

摸得一清二楚。因此，在逃避型主管的手下工作當然也不會積極。反之，作爲主管，面對部門的鬆懈，他會生氣大聲責罵道「這些混蛋，真的一點用都沒有」。然而，愈是如此，部屬也愈不高興，長此以久，就形成一種惡性循環的怪圈。其結果，也會造成部屬的不滿:「這樣的主管還是早點走人吧，他根本不配做我們的上司。」正是在這種心態下，部屬也消極地對待工作，等待著新的上司。

常把業績不振的責任歸罪於他人，這是搶著逃避願望的主管爲了掩飾自己情緒上的不穩定的一種手法。說部屬都是些不負責任的推銷員，或者錯誤的認爲總公司派他到這種地方來工作完全是總公司人事任命決策上的失誤。其實，他的潛意識裏根本沒有這麼想:「只要下定決心，堅守崗位，至死不渝，一切會托負起部門的重擔。」當然，如果這樣想，一切問題都不會發生。但是他不這樣想，所以，就作繭自縛，就把自己關在圍城中，陷入在困境之處。

因爲這類型的主管都沒有堅守崗位的決心，所以他們也不關心市場的變化，當被問道，對面的大樓是什麼公司時，他還能由挂出的招牌，輕鬆地答出名稱;但若再追問，經理是誰呀，他們是生產什麼產品規模如何，他就答不上來了。因爲他從未去拜訪過。連當地政府及其辦公事業機關等，也從未去過。那麼，他整天都做些什麼呢?他只會嘆氣，訴苦:「我真是時運不濟，被派往這個鬼地方。」整日怨天尤人，借酒澆愁，一幅無可奈何之相。

以生病來逃避現實弄得滿身心都發生了毛病，這是逃避的

慾望達到激烈時的一種表現方式。所謂薪水階級的「禮拜一病」，就是其中的一種。經常有頭痛，瀉肚子，血壓升高等症狀。可是經病理檢查、一點毛病也沒有，心理代謝完全正常。所謂這些病態，完全是逃避現實的心理因素在起作用。

血壓升高是由於心理壓力太大而產生的毛病中，最具典型的一種，爲頭腦昏痛所造成的主管也很多。比如某人通過努力升任主管後，在半年之內體重減輕了 10 多公斤，經過檢查，發現他的血壓高出標準許多，影響睡眠與進食，他爲整天爲看病檢查忙得團團轉。後來查明，他之所以得高血壓，是因爲他調任主管不久，過分勞累緊張，這件事要做，那件事也要自己處理，弄得身心疲乏不堪而工作仍然堆積如山。但上任十個月後，他想通了，他覺察到原來的那些作法不行，而把事情依輕重緩急加以分類，再按部就班的一件件解決。結果，不斷業績回升，而且高血壓下降趨於正常了。

這真是不可思議的事，業績上升以後，這種疾病會自動痊合，正應了俗語所言：「績優的人不生病」或是「成功的主管中沒有病人」。也許這種俗語有點唯心論的偏激，但是很多成功的人士已經證實了這一點。

六、窮忙緊張型的主管

「成果第一主義」的主管，會被整日的會海公文壓得透不過氣來，他感覺到公司的任何事項必須他親自打點，一大堆的事情等著他去完成。

比如：他須教導新的 A；指導最近工作情形不理想的 B；又得和 E 一起去訪問某些客戶；對於 F 爲了要從側面加以支援須要面談；G 最近有家庭糾紛，也要設法瞭解；發生事故的 C，也得靠他去交涉。除了這些，他還得辦理招聘新推銷員；也要做市場調查；近日內要舉辦一次員工郊遊活動，需得他敲定行程路線及聯繫車輛和旅館；一批老員工退休了，他不需辦理退休保證金的落實與發放，及其子女就業問題等等。事情太多了，他覺得茫然四顧，不知從何著手，甚至會產生一絲恐怕感。

在這種不會去整理、收拾問題的主管眼裏，整日被一大堆事情困住，不能自拔，因爲堆積如山的各種各樣的事情，都看成必須同時解決的問題，故而無法排定順序逐漸去完成與解決。

過分追求「成果」的主管，大多都具備這一形態。他認爲每件事都會影響到營業成果，因此以爲所有的事情需要同時解決。成果第一主義者在管理方面，顯著的地方是處處都想表現自己，什麼事都喜歡自己插手去做的獨裁作風。因此，把部下所應該做的事統統全包辦了。這樣的後果會引起部屬的離心，沒有強大的戰鬥力。由於上下意見的溝通不好，導致問題產生，結果使自己也忙上加忙，終於形成了一個惡性循環的怪圈。

這樣的組織內部由於溝通與協調不好，摩擦會日益發生，導致各項錯誤百出，並完全斷絕了意見溝通及協調的管道，主管枉自忙碌不堪，完全失去冷靜與沉著，其拘促不安坐臥不寧的樣子，令人可惜可笑。

這類情形如果是漫畫，徒增笑耳，笑笑也就罷了。但是在現實中，大多或基本上不是以漫畫的方式真真實實存在的，如

果真的到此地步，對公司來講是很難掩回的潛在問題存在了。有一位窮忙的主管，被問到爲何將所有問題一肩挑時，他回答說：「因部屬不得力，所以我只好親自自己去做。」再追問他：「你的部屬真的不得力嗎？」他會以肯定的語氣說：「是啊！他們一點都不肯認真去做事。」然而，當你反過來問他的部屬：「主管的話是否中肯，是否錯誤，難道你們真的是這樣嗎？」得到的結果是，却是另外一個答案：「你相信嗎？會是這樣嗎？是因爲主管什麼事都喜歡自己去做，從來不相信我們，從不讓我們放手一搏，這樣只好讓他去忙個痛快好了！」至此，揭開了謎底，這位主管忙碌的真正原因是：他把部屬份內的工作及部屬可以做的事情，統統都大包大攬過來，讓自己親自去做，達到了事無巨細，事事躬親。

什麼事都得自己去做了才安心的主管，他總自命不凡的認爲：「任何事只要自己去做就會成功，而同時認爲凡自己沒插手的事情，一定不會順利，效率及績效都不高。」如果公司內有這種人存在，容易造成其餘的人洩氣，認爲我們還是統統把工作交給他去做好了，因而喪失了進取的意志。

而什麼事都集中給一個人去做，甚至到一個人獨撐大局的地步，那麼，這個組織機構逐漸變得僵硬，整個集團都會喪失彈性。

身爲主管者，如果不能沉著地控制要點，並儘量把工作交給部屬去做，那麼，事與願違。這樣的的主管者，凡事自己不插手就不放心，因而經常以電話方式催問部屬：「怎麼樣了？好了沒有？」等等，在他的腦海中，不能浪費電話，不能浪費時

間，總是以催問的面孔出現。

這種類型的主管，表面上看起來充滿忙碌，整日爲公司各項事情奔走，而自己一點休息的時間都沒有，對工作充滿了忠誠度。而實際上，他並非真正忙碌，他只是忙碌的感覺而非真正的忙碌，這一點很重要。他之所以會忙碌，是因爲在同一時間，他同時看到並列著的許多問題，而無法決定優先順序。這像一位食客，面對兩塊燒餅，想不出究竟先吃那一個的理由，最後終究餓死一樣。面對著好幾個問題，茫然失措，徒耗時間，竟不知如何去解決，所以整日充滿了忙碌感。

打個比方來說，自認爲忙碌的主管，他等於同時看到了好幾根並排的手指——每根手指均代表必須解決的一項問題，所以他陷入了不曉得先從那一項開始處理的境地。此時，只要叫他把手掌順著視線高低遠近看看，如此他看到的手指一定只有一根，而從看到的那一根開始解決，這樣，他便能依順序解決所有的問題，而不會沒頭沒腦的忙來忙去。

窮忙型的主管大多個人主義思想較強，如果要改變他的意識與思維方式，首先要從自己身上找不足，並相應改善之。

七、教導無方型的主管

對員工部屬的訓練培育，是部門主管的工作職責之一。但有些訓練會立竿見影，而有些訓練也會事與願違。大多數主管會爲訓練效果不佳的問題，感到大傷腦筋。他們大多利用朝會，召集所有的人員，苦心婆口地再三強調：「到顧客家時，不要馬

上就出來。」「別忘記臉上常要挂著笑容。」「一定要帶齊資料，做到有備無患。」等等作多方面的指導。可是部屬們是否把它當作耳邊風呢？每天早上雖然也進行了約有半個鍾的角色訓練，但是效果似乎並不太理想。

按照原先的計劃，部屬 A 是應該訪問 10 家客戶，並且在一天之內完成，可是下班前他所遞交的營業日報，就有 7 家客戶外出，他只訪問了 3 家。主管感到很生氣，他告誡下屬，明天要設法多訪問幾家，到了第二天，部屬也只訪問了 4 家。顯然，部屬的工作結果並沒有使主管感到滿意。

爲什麼每日告誡、訓練，效果是這樣呢？這種訓練方式，有沒有缺點呢？如果有，又在那裏呢？有沒有解決的方法呢？

我們應回過頭來作一些分析。首先這位主管在朝會上的訓練，內容實質上太接近指示了，內容太過抽象，「到顧客家時，不要馬上出來。」這種籠統的訓練並非完全無用，但是，在實際操作中，就以各種類型的場合而言，則沒有多大的實際意義了。例如對於正要出門的顧客，纏住他嘮嘮不休的說上半個鐘頭，肯定會引起對方的反感，反而產生惡劣印象。又比如說，上次訪問時，溫和地聽過商品介紹的太太，這回可能碰到她剛剛和丈夫吵過架之後，正是心情不好的時候。因此，籠統的說法和抽象的指示，並不是有效的訓練，訓練應該配合事實，才能達到預期的效果。

不要空洞無力的訓話，要作實踐性的訓練。既然採取角色演練的訓練方式，就得多研究角色演練和台詞都是固定的，是基礎性的，像碰到顧客時要先說早安、午安等之基本形態的訓

練。因此，老式訓練的角色演練，也有它一定存在的意義。

　　然而，真正有效的另一種方式是新式的角色演練法。它在沒有事先假設狀況與角色的情形下，採取隨意的訓練方式。實踐性的訓練不是基本訓練，而是臨機應變的訓練。因為每個人的生活方式都不同，就是同一個人，他的情緒也可能時時在變化，所以只能用臨機應變的方式來應付。因此，對於推銷員來說，仍以臨機應變的實踐性的訓練最具有效果，也最實際。

　　大多數人認為，職業訓練分基本訓練和實踐訓練兩種來實施較為實際。基本訓練已相當變通，但積極推廣實踐性訓練者却比較少見，採用「同行指導」制度者也是嚷嚷而已。最多也只能做到角色演練的階段。然而，所做的角色演練仍不是臨場演習，所以稱不上是實踐性訓練。實踐性的訓練需要有示範做給他看、指導或講給他聽、到實際演練，然後給予稱贊，人才會做得更起勁，才能符合實際情況，才能有更大的效果。

八、感情用事型的主管

　　推銷員意興闌珊、或有業績低落時，很有可能表示他的銷售經理是一位「感情用事型」的主管。感情用事型的主管當權時，小毛病會變成大問題，老問題會出現新問題。這些尚待解決的問題，是推銷員的額外負擔。

　　感情用事型主管違反了三項解決問題的基本原則：他並未徹底評估形勢；他沒有完全發現事實；他沒有開闊的心胸。這些都是無意間犯下的錯誤。這些難以駕馭的感情，控制了他、

蒙蔽了他，甚至可能毀了他。所以，他必須認清感情行事的危機，並加以解決。

　　積極、熱誠、具有競爭性、高度效率和豐富知識，這些優秀的品德和許多銷售主管一樣，感情用事型主管都具備。但是，當事情出了差錯，產生壓力之時，他開始驚惶失措，欠缺考慮，我們都同意，消除壓力的方法是盡快尋找一項解決方案。然而，很不幸的是，感情用事型經理却過份迷信於快速解決問題的方法。他不知道，速戰速決比事物細分化更事與願違。。

　　由於貪功心切，他沒有徹底評估形勢的原因。任何可能對他的聲望和事業有害的事情，都嚇壞了他。正是這種恐怖的情緒，使他可成爲推銷員及部屬怨恨的物件。

　　「他自己做錯了一件小事，却要責怪部屬，他實在有點自私自利，他害怕得罪公司管理高層。兩個多月前，他告訴我停止拜訪小客戶，專門拜訪大客戶。這也有道理，但是，他並不知道大客戶即將成爲全球性客戶，劃歸總公司，不再屬於我們推廣的區域。現在，小客戶的採購量減少了，而大客戶又劃歸總公司，他就開始責怪我，我提醒他，他就在發脾氣。他最後只會大發雷霆，來回答他不願負責的任何問題。」這些，都是他的部屬對他看法的普通呼聲。

　　感情用事型主管，常以他個人的感情篩選事實。他的脾氣火爆，一觸即發，他的部屬不敢告訴他不喜歡聽的或是需要改進的事情。而且，由於推銷員經常挨罵，他們可能不協助主管解決任何問題，即使部屬冒險直言，他也不聽，反而立即責怪他們。他拒絕接受批評，拒絕聽取任何他不想的事情，他只選

擇支援他的事實，他也只能接受支援他的資料。感情用事型主管僅根據這些微薄的資料來作決策，他並沒有完全發掘事實真相，爲此，他的感情常會抑制、誇張或者是嚴重歪曲事實。

感情用事型主管就像一位未成熟的幼童，他自私自利，害怕權威，佔有慾極強，對自己缺乏認識，容易生氣，總是唯我獨尊爲所欲爲。一位曾在他手下做事的推銷員說：「我害怕與他共處，他只會不斷的製造問題。他總是一再猜測，總經理需要什麼，他會非常嚴格的執行規章，因爲他不願得罪上司。我們每個人都要順從他，按照他的意願行事，成爲他的死黨，不然，一旦問題出錯，他就瘋狂的批評你。」

這種幼稚的行爲，再加上他閉塞的心胸和張開的大嘴，使他面臨重重問題。他向每個人傾訴不幸，大吐苦水，他一再解釋問題發生的原因，但是他閉塞的心胸卻不願意聽取諍言。他只說不聽，他只解釋，不願學習，他就像一個小孩，他只以感情，而不是以邏輯來解決問題。

感情是解決問題的最大障礙，因爲感情蒙蔽了我們，使我們無法完全認識客觀形勢。感情阻礙我們發掘事實，評估事實，感情也封閉了我們的心胸。因此，感情用事型的主管在解決老問題時，總是製造了新問題。

九、不做計劃型的主管

不作計劃型的主管，按道理說是比較優秀的，他不但工作努力，心智成熟，他還深受推銷員的愛戴，階段業績也不錯。

管理方面，也頗爲實際。然而，令人失望的是，該地區擁有全國最優秀的部屬與他並肩作戰,以及深具潛力的客戶,事實上,他全年的銷售業績與市場佔有率並不理想。

歸根結底的原因在於,他從不做客戶分析與預期銷售計劃。

不做計劃型的主管的基本問題可能很難確定,因爲他不作計劃也可能是很有效率的管理,特別是他在其他方面的能力很強,而推銷員又非常優秀的時候。在這些情況之下,他的銷售區域將會有不錯的表現,只是很難突出。然而,如果這位主管有其他弱點,或是他管理的一些部屬不够優秀,或是他所轄的區域是一個競爭激烈的地區,不作計劃的後果將會是非常明顯。

這類主管不熱衷於計劃的原因之一是他不瞭解事實,甚至自己。他們擬定計劃,通常只是爲了上交總經理。對他們而言,計劃只是配合預算。他們在計劃中所提到的任何事情,都是呈現給總經理看的。一旦這份沒有生命的文件交上去之後,他們就再也不管了,因爲他們喜歡憑直覺做事。

爲了交差應付而作計劃的主管,有可能存在幾點不足:

1. 他不知道如何計劃

他可能沒有受過任何正式的訓練,就擔任了主管的職位。他專門處理最迫切的事情,他只做那些他曉得如何做好的工作。

2. 他不喜歡(或是不相信)計劃

一位不做計劃的主管說:「我在我腦袋中計劃,根本沒有必要把計劃寫在紙上,這只會浪費時間。我與部屬一起出去訪問時,我們是在喝咖啡或開著車時作計劃,我送呈給總經理的書面計劃,只不過是應付而已,我幾乎從來沒有根據這些計劃去

做事。」

比較容易管理的不作計劃型的主管，是那種不知道如何計劃的主管。

沒有計劃，就無法類比未來，你就沒有機會考慮未來的各項威脅與機會，因而，無法避免威脅，把握機會，也無法在競爭中維持領先地位，永遠無緣在市場中稱雄。

十、業績至上型的主管

「不管他明天怎麼樣，我盡一切努力在今天做到生意，如果客戶將來提出抱怨，不再與我們往來，也沒什麼了不起的，我們只要開發新客戶就可以了。當然，退貨是免不了的，但是也沒有多少，此外，我們只要集中精力推銷暢銷的產品，為什麼要浪費時間去開發新產品呢？每五年，我的地區的銷售額就增加 1 倍多，你還要求什麼？」這就是業績至上型銷售主管的至理名言。

然而，透過表層現象，核心的問題又是什麼呢？

最近幾年來，該銷售區域的業績的確增加了 1 倍多，而且以目前的成長率來看，今後幾年還可以再度增加。然而，該地區的利潤卻相當低——甚至低於銷售額僅及其一半的地區。更有甚者，這項已經相當微薄的利潤還在不斷的下降。事實上，該地區今年很可能再創業績的最高記錄，但是卻發生虧損。

這類以業績至上型的主管，現實生活中還真不少。這是一種很危險的觀點態度，這個態度可以說是得自推銷員的觀點錯

誤。以往，推銷員都是以高銷售而得到獎勵，即使是現在，還是有許多推銷員因業績成長記錄優越而升任主管。但是，他們升了主管之後，仍然照本宣科，要求業績成長，而不顧成本。

追求業績成長並沒有錯，但過分追求總銷售額，而不注意利潤，更忽略成本，那就大錯特錯了。

在總銷售額增加的同時，作爲銷售主管更要瞭解：那些推銷員是依賴特價或贈品推銷產品？那些推銷員太常宴客，過度出差，頻送樣品和回扣？那些是在推銷員直接控制下的銷售成本，與淨銷售額不成比例？每個推銷員的利潤與銷售額比率各爲多少？

由於毛利銷售額與淨銷售額之間是有差距的。銷售競賽可能會對利潤造成重大的影響，這些競賽常在短期間帶來相當的銷售額，但是接著却是一段銷售額非常低迷不振的時期。銷售競賽時，業績輝煌，但缺貨將隨之發生。工廠勢必加班生產、以應付訂單，建立存貨。這段時期過了以後，銷售熱潮停止了，存貨擺在架子上，乏人問津，同時，銷售競賽經常對推銷員提供特別的獎勵會促使推銷員作假，與客戶串通，先把商品送給客戶，競賽過後，再退貨回來，當然，這將提高運輸和服務的成本。因此，競賽銷售期間的利潤率可能比其他銷售期間更低。

十一、過度控制型的主管

甲先生是一位雷厲風行，作風嚴厲的銷售部門主管，他把推銷員全部置於嚴格的控制之下，並且以這項能力爲榮。他離

職調任後，該公司又派來乙先生續任。

乙先生的管理風格完全不同於甲先生，他相信自由放任的哲學，他的管理方式是告訴推銷員，你希望什麼，然後讓他們放手去做。但是，這項管理哲學推行起來並不是那麼容易，他主管的地區存在著一些情況：

(1)該地區士氣非常低，因爲推銷員怨恨甲先生先期對他們的嚴厲控制。雖然他們相信，新任主管的態度大不一樣，但是他們不願立即信任他。同時，儘管他們不喜歡嚴厲控制，可是他們已經習慣了在控制之下工作。

(2)推銷員感到恐怖，不願採取主動。許多推銷員都有很好的構想，但是，很少有人開口表達。

一位推銷員訴苦道：「甲先生要求我們每天交出工作報告，我們必須詳細說明當天每一分鐘所拜訪的客戶，因此，每份工作報告至少有幾頁。我們地區共有 10 多位推銷員，換句話說，甲先生每週要看 300 多頁的工作報告。不久之後，我們之中有人發現，甲先生如何審查報告：只要你按時繳納報告，說明每天至少訪問幾人，而銷售額又在平均水準以上，甲先生就不會注意你的報告。太誠實的人反而會遭到麻煩。」

一位部門的主管能維持管制或控制每一件事情嗎？其結果是：不可能的。

問題是擺在眼前，急待處理。然而，是什麼原因造成的呢？這可能是部門主管對控制認識不清，產生以下誤解：

1.控制可以協助懲罰

首先，甲先生不相信他的推銷人員，他認爲，他施加嚴厲

控制之後，加以強迫推銷員工作，任何脫離和管制的人員都將受到懲罰。

事實上，當你利用管制來加以責備，或施加懲罰時，事情已經過了，為時已經太晚，來不及採取任何行動加以挽救。

一位希望維持管制的主管需要一個早期警報系統。他必須知道不利趨勢何時影響業績。他也必須及時獲知偏離標準的例外情況，以採取行動。這個早期警報系統必須對問題的早期迹象非常敏感，而且必須注意問題最可能發生的地方。

2.過度與低度控制

過度控制型主管有一個頗具邏輯但不切實際的前提：如果你控制每一件事情，你必可在正確時間、正確地點、施加正確的控制，然而，沒有人可以不斷的控制所有事情。部門主管根本無法吸收和解釋他在許多控制點上所得的資料。

然而，低度控制又如何呢？他太依賴直覺來偵測偏離的例外情況。他的辦法太不科學，沒有系統，因此，他很可能喪失對該地區的控制。

究竟多少的控制才算足夠呢？答案是：可以使工作做好的最低程度控制。

如上所述，事後的控制僅能給予懲罰。而懲罰只能避免在未來發生同樣問題，並無法協助你處理目前的問題。

作為部門主管來說，藉著嚴厲而立即的懲罰，將暫時建立了一套管制制度，但是，推銷員將逐漸試圖反擊這套制度，他們將仔細的避免走進前入曾經陷入的陷阱。推銷員不希望主管嚴密監視，他們將抵制這種嚴厲的控制，作為主管，也不可能

取勝。

總之，過度控制型的主管設置了太多的控制，因爲他不知道何處何時必須控制，所以他什麼都要控制，以求得安全，但是，實際上他反而喪失了控制。

十二、不善於溝通型的主管

總公司對負責東南地區產品銷售的部門主管屢屢下達指示，可結果是，這位部門主管往往反應遲鈍，有時候甚至沒有反應。

事後，總公司讓這位主管作出書面解釋：

「這不是我的錯，我一直盡力遵循你的指示，這些檔案資料可以證明，我總是立刻傳達你的命令。我一再打電話給推銷員，要他們遵循指示，我甚至面對面告訴他們，但是，他們就是不聽，我曾經向他們咆哮，也開除過一個人，我不知道我還能做些什麼？」

總公司查核檔案之後，業已瞭解，這位經理說的都是事實。然而，在他閱讀檔案之後，他們發現，這是一位不善於溝通的主管。

大多數主管都沒有花時間考慮，他們的溝通技巧是否有效，他們自己假定，他們可以與推銷員溝通。他們很少時間自我反省，推銷員是否瞭解他們的話，或者瞭解到什麼程度，這位主管這樣說：「我負責管理的 20 多位推銷員，我這個轄區的銷售額每月超過 5000 多萬元，我的時間大部份都用在公司。我

沒有業務助理，所以我必須自己書寫報告通知推銷員，我也經常以電話傳達指示。在這種情況下，你不能預期有完美的溝通。」

這位行銷總監說的都是事實，但是，他的溝通能力也有問題，他可能有以下幾項的溝通技巧存在不足：

1.他的組織能力不夠

他開始說一件事，接著又跳到另外一件事情，後來又回到原先的主題，結論時又談到別的問題。聽他說話就像盲人騎馬，找不到東南西北。

2.他不知說些什麼好

他並沒有花時間思考他要說的話，他只說了一些混淆不清言不達意，自己都不瞭解的話。

3.他假裝瞭解

他接到指示之時，並不能完全瞭解其中的涵義，但是他又不敢發問，以免受窘，因此，他盡可能的自己解釋這項指示，加進入自己的意見和看法，再傳達給部屬。

4.他害怕傳達某些事情

他不願擾亂他的部屬，他害怕引起不良反應，他又覺得他有義務與責任遵循總公司的指示，因此，他盡力以最不具攻擊性的方式，傳達指示，結果，他的意圖反而使得他的部屬更爲困惑。

5.他可能激怒了部屬

他自己可能不知道，他說話的語氣激怒了推銷員。也許他的語氣太硬，也許他看起來是在說教訓示。因此，他的部屬接到他的電話時，可能把聽筒拿得遠遠的。他留的字條，部屬也

許是看了，但另一半却丟到廢紙簍裏。

6.他讓謠言不徑而走

由於他的溝通技巧不好，該轄區犯下了「情報饑渴症」。在這種氣氛下，謠言不徑而走。推銷員們彼此相傳第二手或第三手的情報。每一件事都愈來愈亂、愈來愈不正確，離核心問題真相起來越遠。

7.他説太多的廢話

他忙著聊天，說閑話，或是說些不相關的事，他把重要事情當成茶餘飯後的小事。結果造成廢話太多，正經話太少。

8.他沒有考慮部屬的要求

他只告訴部屬該做什麼，他從不問推銷員他們需要什麼，他說的句子總是以「我」爲中心。

綜上所述，結果表明，這位行銷總監缺少完整的溝通能力。如果就此事繼續剖析下去，這也只是問題所存在的一半，另一半存在的問題是，他並不聽部屬對他說的話：

「主管把他自己孤立起來，當他發問時，只是希望我們都能贊同他的構想。他根本不聽與他觀點不同的事情。」

「他不願意聽事實真相，他動不動就生氣，經常打斷我們的話，造成我們與他之間沒法交談。」

「我們每次都爲了一些沒有辦法證明或無法確認的事爭論。我們與他各執一詞，我們都沒有證據證明，我們只是你來我往的强辯。」

「他和我們談話之前，早就下定了決定。我們還沒有說出我們的看法，他就已經獨自決定了。」

「我們給他送了一頁多市場調查報告，他根本不看，他希望每份報告都簡單扼要，很不幸的是，我們所提出的一些問題都不簡單。」

「他根本不尊重我們，當我們和他談話時，他漫不經心，一點兒也不注意。我們還沒說完，他就打斷我們的話。他根本不管我們的看法。」

不善於溝通的部門主管首當其衝不瞭解溝通的重要性。長此一往，這將危害他的權威，他將失去部屬對他的尊敬。同時，他的溝通缺陷也無法矯正，該地區將繼續發生有溝通不暢的問題存在。

十三、紀律過度嚴明型的主管

紀律過度嚴明型的行銷總監具有固執、毫不妥協的個性鮮明特徵，他的這種特徵對部屬士氣的殺傷力很大。

紀律過度嚴明型的行銷總監執行紀律的方式很有可能使他自己遭受挫折。不論他對待推銷員如何嚴厲，其中一些部屬也會必將反擊，他們之間深具敵意，並與他公開辯論，公然挑戰。其他一些推銷員也準備跳槽離職，或參與公司外部活動。因此，紀律過度嚴明型的行銷總監常常遭受挫折。

紀律過度嚴明型的主管手下的推銷員也將遭受挫折，因為不論他們如何努力，他們都無法取悅這位行銷總監：

「當我和他在一起時，我就好像失去了自我，總是無法控制自己，常常失態。每次我為他工作時，我都害怕極了，他總

是挑我的毛病，破壞我的自信。雖然我的業績是該轄區的第三名，他仍使我覺得，我是世界上最差勁的推銷員。」

紀律過度嚴明型的主管勢必會造成績效低落的後果，這種主管手下的部屬都害怕工作。因此，他們從不願主動做事，他們成爲唯唯諾諾的木頭人，他們的思考是固定的，他們只想到安全和秩序，他們只做取悅於主管的事，對其他目標都不感興趣。

紀律過度嚴明型主管瞭解這種後果之後，可能發現，他很難改變他的管理形態。最初，他可能完全放弃他的紀律，以避免問題和衝突。因此，該地區的銷售市場將發生紀律的真空地帶。當推銷員做錯事時，他們預料將得到懲罰，如果未見懲罰，他們可能開始試給他們可以避免懲罰的程度。如果主管對生大問題的違規，仍然不聞不問，部屬可能認爲他缺乏勇氣。

至此，該主管可以籍著合理的紀律制度，創造一個健全的環境，鼓勵推銷員自我控制。作爲部門主管來講，此時應學習一些中庸之道，在紀律太多和紀律太少之間，選擇一個中間點。在此之前，他務必瞭解，懲罰不是一場你輸我贏的遊戲。如果主管能巧妙的執行紀律，主管與部屬都不會輸，而推銷員也將戒除那些傷害公司、自己和上司的前途行爲。

合理的紀律制度，可以提供公正的界線，一方面留下充分的活動範圍，一方面又可明確設定推銷員不可侵入的區域。這些界線容許推銷員犯小錯，也將協助推銷員建立他們自己的界限。

即使行銷總監建立一個幾近完美的合理紀律制度，鼓勵部

屬自我控制，但還是會有一些推銷員步入禁區。最主要的原因是他們的目標和標準，與銷售主管不同。他們不認為他們做錯了。例如，主管可能希望部屬上班作業時間應時刻調整。但是推銷員認為，只要他做完了每天 8 小時的工作，什麼時候上下班又有何區別呢？

如果處於此時，行銷總監就必須尋找幾點幕後因素：

1. 你是否發現引起這項問題的因素

尋找引起這項問題的原始事件，不要浪費時間於後續事件上，雖然後續事件可能使得問題更為嚴重，但是它不是問題的核心。如果你找出原始事件，問題就比較容易解決了。

2. 你是否發現維持這項問題的因素

有時候，推銷員違反規定的原始因素已經不再存在，但他仍然是一位問題人物。

3. 你是否曾試圖瞭解推銷員的情感

如果你只是衡量枯燥的事實，你可能發現，推銷員不可理喻，然而，如果你瞭解他的情感，你可能承認，在他的心目中，他的所作所為是合乎邏輯的。

4. 你是否曾尋求推銷員未提的事實

推銷員可能沒有告訴你許多非常重要的事情，除非你加以引導。他可能感到尷尬，所以不願承認這些事情。他也可能認為，這只是一些不用告訴主管的事。但是，這些事情可能非常重要，瞭解他們之後，才能解決問題。

綜上所述，你如果對這些事情不明了，處理不當的話，你無法訂定一套完整的指導方針，涵蓋所有的情勢，而禁止所有

的不當紀律。只要部門主管不瞭解紀律的基本觀念，他將繼續在現行指導方針沒有提到之處，繼續引起新的問題。

一位有效的紀律執行者，可以創造一個推銷員自我約束的環境。部門行銷總監，甚至其他任何人都應記住一句至理名言「預防重於治療」。

紀律過度嚴明型的銷售主管相信紀律的原因，可能得是父母或前任主管的影響，也可能是爲了滿足個人的需求。最後，他的管理型態度將使他陷入困境，推銷員在他的嚴厲管制之下，業績低落、興趣全無，完全無法獨立作業。從而，表現與預期的效果不佳。

心得欄 ------------------------------------

第 六 章

行銷總監的工作

　　每個高層銷售經理越來越多地用他們的時間來做與銷售相關的市場行銷工作和管理工作。事實上，銷售經理的管理技能比他的銷售技能更爲重要。那麼，銷售經理該具備那些本職工作呢？下面我們來逐一作介紹：

一、組織

　　首先要確認組織設計的原則是要「因事制人」，而不要「因人制事」。即是能够讓每個人感覺自由自在，可以盡情發揮其實力，又可以讓大家的力量結合在一起，朝著公司的目標而努力。所以企業在發展中便需將未來的組織架構先想清楚，預先勾劃出來，然後考慮現有人才的專長和能力，做好未來的人事安排，再根據實際的需要，慢慢地作一些調整和變動，才能導引到制度化的軌道上來。

一般來講，業務組織的設計，在每個企業中都不一樣，他們因為市場需求、產業特性、企業規模、目標管理等的不同，自然有不同的決策。但是，以下六個要素却是一個良好的業務組織必備的：

⑴以市場為導向

計劃經濟時代一般來說業務組織都是由公司管理層來決定，但却無法反應市場的真實需要；市場經濟時代的業務組織則是以「市場為導向」，也就是根據市場的實際狀況和顧客的需要來要求公司擬訂行銷目標，來考慮組織的設定和人員的配備。

⑵以功能為考量

優秀的業務組織必須先設定功能，再決定人事。比如：如果業務重點在開發新市場，則先設立開發部門，再安排適合的人選，使其具有完整性。

⑶權責必須相符

在業務組織中的每一位成員要清楚瞭解自己的職責。為了讓每個人負起責任，公司領導必須授權，讓每個人都能自我管理、自我決策。使每個人的職責與權力相符。

⑷既穩定又有彈性

如果以長期來說，業務組織要穩定，要經得起各個階層人事的流動而又能够維持高效率，因此，平時便要注意多儲備一些人才；以短期來說，業務組織要保持彈性，能够因應市場的變化和各種狀況。比如：新的競爭者的加入、新的競爭產品出現，旺淡季市場變化，業務部門應當作出反應，對業務人員可以作適當的調動，組織結構也可以作相應的調整。

(5)既協調又能均衡

業務組織不但要部門均衡、公平，而且也要能够和其他部門保持協調。比如：與生産部門協調産量和商品開發，和財務部門協調預算、收款及費用支出，和人事部門協調人員調進調出及培訓工作，和廣告部門協調廣告重點、促銷計劃等，唯有和其他部門協調一致，業務組織才能發揮效益。

(6)合理管理幅度

不管行銷總監的能力有多强，必須讓他有充足的時間來照顧他的部屬，瞭解部屬的作業狀況，並給予適時的指導、管理和評估其績效好壞，因此，管理的幅度必須合理。一般來說，管理幅度的大小是根據業務工作的困難度、和業務人員個別相連的頻度、業務人員分布地區的廣度、業務訓練的分量和業務授權程度而定。

1.三種基本營業組織

儘管每個公司的營業組織都不相同，但基本上可以分成三種形態：

(1)直線組織

直線組織可以說是最單純的業務組織，所有的業務人員直接向行銷總監彙報，行銷總監負責所有的工作，包括用人、雇用、訓練、指導和評估，還有銷售區域的分配、銷售預估和完成上級交代的工作。

不管其是單層或是雙層，直線業務的組織指揮都是由上而下，每一個層級的人都只面對一個主管負責。見下圖：

圖 6-1　直線營業組織

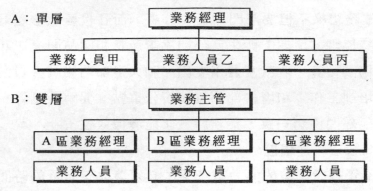

①**優點**

比較單純，容易管理，責任比較明確，容易指揮調動，決策溝通比較快速，部屬馬上可以開始行動。

②**缺點**

隨著業務組織的擴大，某些功能便無法發揮；行銷總監工作太繁重繁雜，無法面面俱到；行銷總監權力過大，無法取代，使整個組織缺少彈性，還會有權責不符現象發生。

⑵**直線和幕僚組織**

隨著業務的不斷成長，業務人員的增加，行銷總監的工作越來越繁重時，便有必要增聘幕僚人員來協助完成某些特定的工作。

通常幕僚人員包括企劃、訓練、助理等。見圖 6-2 所示：

①**優點**

分工比較明確，可以提高效率；行銷總監工作壓力減輕，使其專注於決策與管理工作；如果幕僚具有專業水準，可以協助業務人員作業操作。

圖 6-2　直線和幕僚營業組織圖

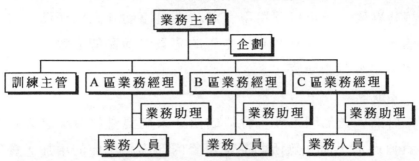

②**缺點**

隨著人員增加，費用開支較大；容易形成幕僚人員「挾天子以令諸侯」的現象；直線與幕僚往往發生利益衝突，形成矛盾。

⑶**功能性組織**

功能性組織是直線與幕僚組織的進一步延伸，雖然二者看起來有點相似，但是最大的不同在於直線和幕僚組織中的幕僚人員並無指揮業務人員的權力，他們主要是在協助業務人員有關行政作業和文書處理，但是功能性組織中的其他單位主管則可以就其工作需要指揮業務人員進行作業操作。見下圖所示：

圖 6-3　功能性組織營業圖

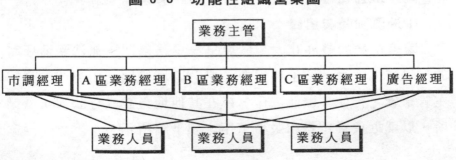

①**優點**

其專業主管可以運用現有業務人員協助其完成任務，可以節省一部份人力；如果專業主管的專業知識和能力較強，可以將專業工作做得更好。

②**缺點**

如果專業部門太多，會造成指揮系統混亂，令業務人員工作負擔過重，而且無所適從；隨著內部協調工作的增加，會使決策緩慢、效率有所降低。

2.**五種特殊營業組織**

企業為因應成長、擴張和滿足特殊的行銷目的，除了上述介紹的三種基本營業組織之外，還會根據需求的不同成立下列五種特殊的營業組織：

①地區別；

②商品別；

③客戶別；

④任務別；

⑤混合式。

關於這五種特殊營業的組織，我們來探討一下：

⑴**地區別營業組織**

隨著企業的發展壯大，發現單一業務部門，無法涵蓋所有的市場時，便會依照地區需要，劃分區域範圍，由專門的業務主管來管，行使其職能工作，或在其他地方設立分公司、營業所，以就近負責銷售和服務工作。如下圖所示：

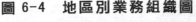

圖 6-4　地區別業務組織圖

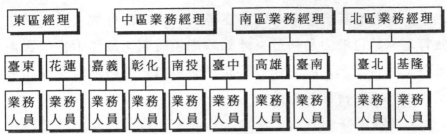

在最簡單的銷售組織中，各個銷售代表被派到不同地區，在該地區全權代表公司業務。這種銷售結構有一系列優點：

①它對銷售人員的職責有明確的劃分。作為地區性的推銷人員，因人員推銷的效率不同，他或她可能獨享榮譽也可能因地區銷售不佳而受到指責。

②地區負責制提高了銷售代表的積極性，激勵他去開發當地業務和培養人際關係。這對於銷售代表的推銷效果和個人生活都有幫助。

③差旅費開支相對較小，因為各銷售代表僅在一個較小的地域內出差。

地區性銷售組織常受到不同管理層人員的支援。從組織基層開始，經銷商向銷售代表負責，後者則向零售督導負責，零售督導向零售經營主管負責，而零售經營主管則受一個負責區的地區銷售經理管轄，地區經理則受 4 個常務銷售經理（北區、中區、南區、東區）指揮，這 4 個經理則對一個副總裁和銷售總經理負責。

每個高層銷售經理越來越多的用他們的時間來做與銷售相關的市場行銷工作和管理工作。事實上，銷售經理的管理技能

比他的銷售技能更重要。

在制定地區結構時，公司要尋求一些地區特徵：該地區便於管理；銷售潛力易估計；能節省出差時間；每個銷售代表都要有一個合理充足的工作負荷和銷售潛力。通過地區規模和形狀決策，這些特徵都能達到目的。

①地區規模

地區可以按銷售潛力或工作負荷加以制定。每種劃分法都會遇到利益和代價的兩難處境。具有相等的銷售潛力的地區給每個銷售代表提供了獲得相同收入的機會，同時也給公司提供了一個衡量工作成績的標準。各地銷售額長時期的不同，可假定爲是各銷售代表或努力程度不同的反映。銷售人員受到激勵會盡力工作。

但是，因各地區消費者密度不同，具相同銷售潛力的地區的大小可能有很大的差別。比如消費者在小塊面積上高度集中，該地區的銷售潛力要大得多，作爲銷售代表可以用較小的努力就可以達到同樣的銷售額。而分配到地域廣闊且人烟稀少地區的銷售代表，就可能在付出同樣努力的情況下只取得較小的成績，或作出更大的努力才能取得相同的成績。如果出現這種情況（這種情況也是正常出現的），公司決策領導可以按相同的工作負荷標準來劃分區域。每個銷售代表都能得到他（她）能勝任的區域，然而，這種方法可能會導致地區銷售潛力不一致。若銷售隊伍工資是固定的，這就不成問題，但若銷售代表的工資和他們的銷售額挂鈎時，儘管各地區的工作負荷一致，但吸引力也會不同。

②市場形狀

　　區域由一些較小的單元組成，這些單元就如同一個小小的據點。這些單元組合在一起就形成了有一定銷售潛力或工作負荷的銷售區域。劃分區域時要考慮地域的自然障礙、相鄰區域的一致性、交通的便利性等等。現今，公司可根據電腦程序來劃分銷售區域，使各個區域在顧客密度、均衡工作量或銷售潛力和最小旅行時間等指標組合到最優。

　　綜上所述，地區別業務組織的優點是：地區主管和業務人員更接近市場，瞭解當地的狀況，碰到困難可以立刻解決。對於市場的競爭狀況可立刻調整，採取應變措施。可以就近提供顧客更多更直接的服務，有利於作業人員節省交通往返的費用和時間。它的缺點是：如果公司的商品線變異性很大，業務人員便無法照顧到所有的商品，平時的辦公費用較大，分散地太廣，人員與商品管理較爲困難。

⑵商品別營業組織

　　當企業的產品線發展日益複雜的時候，爲了讓每一類商品的銷售成績更好，便可以把不同的商品線交給不同的業務主管負責，由業務主管成立相應分支體系，由不同的分支體系負責不同的商品線的銷售業務。見圖 6-5 所示：

　　如果僅僅是公司產品的不同還不足成爲按產品建立銷售隊伍的充分理由。如果公司各種產品都由同一個顧客購買，這種隊伍結構就可能不是最好的，它會增加人力重疊，人事和交通等其他費用增加，還會造成業務人員拜訪相同的客戶，會使客戶感到困擾與厭煩。但是，商品別業務組織也有鮮明的優點，

比如：每一條產品條都能得到充分的照顧，各商品線的主管能
夠得到充分授權，而且對市場熟悉，對商品的銷售推廣與普及
更有利等。

圖 6-5　商品別營業組織圖

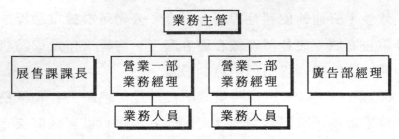

⑶客戶別營業組織

許多企業根據客戶類型的不同來劃分業務組織，比如，有
些公司將客戶爲工業用戶，商業用戶和家庭用戶等市場。

見下圖所示：

圖 6-6　客戶別營業組織圖

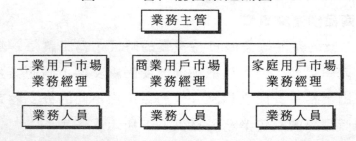

有些公司把客戶劃分爲一般客戶和主要客戶等市場。

見圖 6-7 所示：

也有些把國內客戶和國外客戶劃分開。

見圖 6-8 所示：

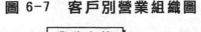

圖 6-7　**客戶別營業組織圖**

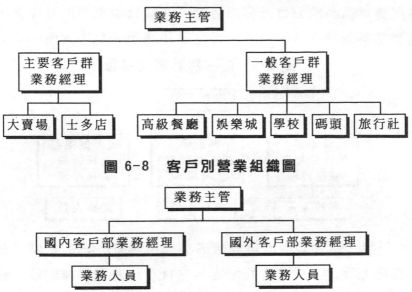

圖 6-8　**客戶別營業組織圖**

　　公司根據以上的市場劃分或消費者類別來設計自己的銷售隊伍。銷售隊伍可以按行業的不同甚至是消費者的不同建立。

　　按客戶別業務組織銷售隊伍的最明顯優點是每個銷售代表都能瞭解消費者的特定需要，提供客戶更好的服務，以滿足顧客的需求。便於搜集顧客的建議，作出相應的反應。但是這種組織結構都存在著不足，那就是同一地區業務人力重疊現象嚴重，造成費用增加，若商品線較多，業務人員銷售全商品會感到吃力。

⑷**任務別營業組織**

　　當企業高度擴張，需開發新產品新市場時，原有的業務組織和人力無法應付，因而需要成立新的部門來完成新的任務，

譬如，成立開發部以開發新產品上市客戶，或成立販賣促進部，專門負責商品的展售及促銷活動，在成立新部門的基礎上，原有營業部以負責老客戶維護爲主要任務等。見下圖所示：

圖 6-9　任務別營業組織圖

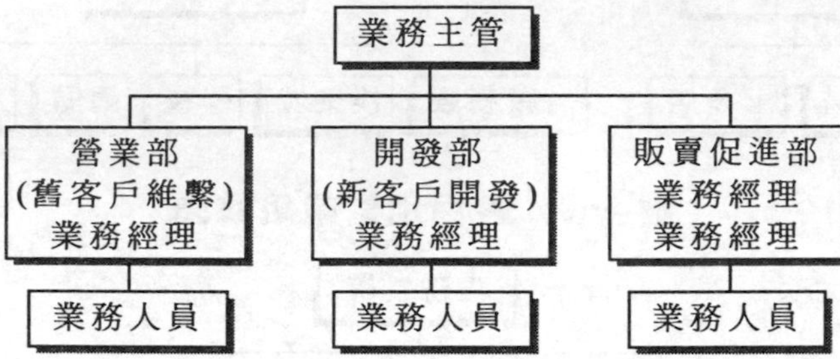

```
                   ┌──────────┐
                   │  業務主管  │
                   └──────────┘
        ┌──────────────┼──────────────┐
 ┌────────────┐ ┌────────────┐ ┌────────────┐
 │   營業部    │ │   開發部    │ │ 販賣促進部  │
 │(舊客戶維繫) │ │(新客戶開發) │ │  業務經理   │
 │  業務經理   │ │  業務經理   │ │  業務經理   │
 └────────────┘ └────────────┘ └────────────┘
 ┌────────────┐ ┌────────────┐ ┌────────────┐
 │  業務人員   │ │  業務人員   │ │  業務人員   │
 └────────────┘ └────────────┘ └────────────┘
```

通常，這種類型的組織結構具有市場細分化的特點，在很大程度上滿足了消費者的需要，它具有任務與目標明確，有助於新客戶新商場的開發和新的業務活動的推動，又能兼顧了原有市場的維護。但它也有不足之處，比如隨著業務的人力增加，費用有所提高，專門負責新開發市場的作業人員的培訓費時費力，細分化的人事結構會發生摩擦，影響其團隊能力等。

(5)混合式營業組織

如果公司在一個廣闊的地域範圍內向各種類型的消費者推銷種類繁多的產品時，通常將以上幾種組織銷售隊伍的方法混合使用。銷售代表可以按地區──產品、市場──產品、市場──地區等方法加以組織，一個銷售代表可能同時對一個或多個產品線經理和部門經理負責。這種方法俗稱爲「大兵團協同作戰」的模式。

它的組織結構見下圖所示：

圖 6-10　混合式營業組織圖

這類組織結構具有鮮明的針對性，它是以「市場為導向」而建立的機構，它使每個部門各有專精、各司其職、按部就班。但它由於組織架構較為複雜，作業人員及組織管理上存在管理困難，需要人力和費用較多，投入精力較大。

二、徵聘行銷部人才

企業的經營首先是以贏利為目的。要使企業贏利的最終實現，得靠銷售部門和銷售人員的共同努力。成功的銷售工作既需要數量適當的銷售人員，更需要這些人員具有踏實、認真勤勞和吃苦的態度與過硬的工作技能。在市場競爭白熱化的今天，這樣的人才資源是極其寶貴的。如何招聘到這些稱職的工作人員，就成為擺在行銷總監面前的一道課題。

作為行銷總監來講，最重要的工作首先是徵聘好的業務人才，唯有徵聘一流的業務人才，才能開創出優超的業績。

如果業務人員素質偏低，他不但做不出業績，而且在與客戶接洽時有損公司的形象，破壞公司與客戶原已建立的良好關係。由此可見，用人不可不慎。

下面將介紹在徵聘過程中的一些具體的工作：

1. 確定銷售隊伍規模的大小

銷售隊伍的規模大小的確定，是選聘工作中的一個首要問題。它既受行銷結合中其他因素的制約，又影響企業的整個行銷戰略的實施。

企業設計銷售隊伍規模的大小，通常有 4 種方法：

⑴銷售百分比法

企業可根據歷史資料計算出銷售隊伍的各種耗費佔銷售額的百分比以及銷售人員的平均成本，然後，對未來銷售額進行預測，從而確定銷售人員的數量及規模。

⑵分解法

這種方法是把每一位銷售人員的產出水準進行分解，再同銷售額相對比，就可以判斷銷售隊伍的規模大小。

⑶邊際利潤法

這種方法的基本概念來自於經濟學。與毛利大過於增加一位銷售人員的成本時，企業的淨利潤就會增加。因此應用此法須考慮以下因素：增加一位銷售人員所增加的邊際收益和邊際成本。邊際收益是首先建立銷售人員與銷售額之間的關係，這基本上是一個回歸曲線。以每銷售區域銷售額爲因變數，以每區域銷售人員數量價格和產品組合爲引數。一般而言，銷售人員數量與銷售額之間存在較爲密切的關係，因增加一位銷售人員而增加的銷售額部份受以往所雇傭的銷售人員數量的影響。換言之，若銷售人員從 5 位增加至 10 位，其銷售額的增加量與銷售人員從 10 位增加到 20 位是不同的。其次，企業要決定在

銷售人員不同數目時增加一位銷售人員所增加的不同的銷售額。最後便是要決定增加一名銷售人員時所增加邊際收益。這個數值應該是邊際銷售額與銷售成本之間的差額。

(4) **工作量法**

在實際企業運作中，工作量法的應用最爲普及。一般來說，工作量法分爲五個步驟：

①按年銷售量的大小將顧客分類。

②確定每類顧客所需的訪問次數(即對每個顧客每年的推銷訪問次數)，它反映了與競爭對手相比要達到的訪問密度有多大。

③每類顧客的數量乘以各自所需的訪問次數就是整個地區的訪問工作量。

④確定一個銷售代表每年可進行的平均訪問次數。

⑤將總的年訪問次數除以每個銷售代表的平均年訪問數即得所需銷售代表數。

工作量法相對而言比較實用。不過，它沒有說明訪問次數是如何確定的，也沒有把銷售隊伍的規模當成能爲企業帶來的利潤的一項投資。事實上，企業利潤同銷售隊伍的規模、報酬、預算等緊密聯繫在一起。我們假設最佳的銷售隊伍規模達到最大化，那麼在利潤最大化水準下，確定銷售隊伍規模的問題也就迎刃而解了。這就是市場——反應模型。

2. **銷售人員應具備的素質**

對企業來講，人，是第一資源，是第一生產力，企業下達的各項指示都是靠人去完成的。所以，人在企業中起主導因素。

一方面，如果銷售人員所創造的毛利不足從抵償其銷售成本，則必然導致企業虧損；另一方面，人員流動造成的經濟損失也將是企業總成本的一部份。因此，挑選高效率的銷售人員至爲關鍵。但是，什麼樣的銷售人員才能算是高效的？要回答這個問題，就必須對合格的銷售人員所應具備的素質作出一個衡量的標準。

成功型的推銷員特徵：有冒險精神，有使命感，有解決問題的能力，關心顧客，對訪問進行認真的計劃。有人說：「我認爲一個有效率的推銷員就應該是一個習慣性的追求者，一個有成功慾望和獲得他人好感的迫切需求的人。」

優秀型的推銷員特點：精力充沛；自信心強；對金錢長期的渴望；根深蒂固的勤勞習慣；勇於挑戰異議、抗拒和障礙的心理。

有效率型的推銷員品質：有感召力，即從消費者角度去感受的能力；有自信力，讓顧客感到自己的購買決策是正確的；有自我驅動力，即具有完成銷售任務的強烈願望。

另外，在確定理想的銷售人員特徵時，公司必須還要考慮到具體銷售工作的特徵。比如是否存在大量文字工作？是否要求經常出差？會不會遇到很高的拒訪率等等因素。

一般而言，銷售人員能否完成任務與其個人特徵、教育程度以及態度能力有關，而且不同性質的銷售工作對於銷售人員的要求是不一樣的。比如：需要銷售人員確定未來顧客需要時，則要求他具備創造力和想象力、博學廣聞、精於分析、機智靈敏的個性特徵；需要說明產品如何配合顧客需要時，則需要語

言表達能力強、熱情而且見多識廣的銷售代表；爲了獲得未來顧客合約，則需要說明能力強、誠實可信賴者；需要答覆反對意見時，則需要恒心和寬容；需要應付激烈的競爭，則提倡進取精神和不屈不撓的意志；從事每日清單、計劃及催付貨款的例行報告的銷售人員，強調條理清晰和誠實精細；主要工作在於通過訪問和服務引起顧客好感的銷售人員，必須面對人友善、彬彬有禮……。其次，從教育程度的角度看，受教育程度與銷售業績之間也存在不可忽視的影響。調查表明，大學畢業生爲最佳，而中學肄業以下程度最差。第三，態度能力與業績好壞具有極大的相關性。所謂態度能力是指人類基本思考能力、創造力及技術能力以外的能力。它具體包括：

(1)積極性：即面臨新事物新問題時能夠進取性地加以處理的能力。

(2)協調性：爲加強團隊精神，不以自我爲中心能與整體合作。

(3)慎重性：有計劃地進行工作，思慮深遠，態度沈著。

(4)責任感：能夠認識自己在團隊所扮演的角色，表裏如一，熱誠地完成任務。

(5)自我信賴感：在人群中不膽怯，能保持自信以應付工作。

(6)領導性：能領導別人，影響他人，待人接物不消極，不屈從。

(7)共感性：能體諒他人心情，且在心意上和對方契合。

(8)活躍性：有充沛的體力，積極地工作。

(9)持久性：有持續努力的傾向，不半途而廢，有骨氣及韌

性。

(10)思考性：對事能深思熟慮，舉一反三。

(11)規律性：成熟，能遵循社會規範，職業道德和倫理準則。

(12)感情穩定性：心情豁達，處事冷靜，不立即把喜怒哀樂顯露於言表。

(13)順從性：能以謙遜不卑的態度贊揚、接納優越者和權威者。

(14)自主性：能獨立地判斷，有計劃地處理工作的能力。

一般來說，在上述十四項指標的評價幾乎都比潛力低或業績差者強得多。

最後，不同性質的銷售工作，對需求人才的標準是不一樣的。在挑選銷售人才之前，銷售主管必須根據工作性質設定選才標準，如果沒有標準，錄用者不符合工作需要，就會造成銷售人員流動率、挫折感或缺乏挑戰等等管理上的問題，從而達不到理想的效果。

3. 徵聘的途徑

(1)大中專院校

這是招收應屆畢業生人才的主要途徑。各類大中專院校能提供中高級專門人才及技術人才。單位可以有選擇性地去校園物色人才，派人分別到各有關學校召開招聘洽談會。

(2)大型人才交流會

現在全國每年都要在各地組織幾次大型的人才交流洽談會。用人單位可以去交流會現場上擺攤設點，以便應徵者前來諮詢應聘。這種途徑的特點是時間短、見效快。

⑶職業介紹所

往往這類職業介紹所資訊多，待業人員廣，可以讓介紹所的專業顧問幫助篩選，推薦些素質不錯的人選前來企業人事部面試。

⑷宣傳媒體

企業可以發布廣告刊登在各類專門雜誌上，因其專業性強，指向性好，一般能取較好效果，能招聘到優秀的銷售奇才。

也可以利用報紙媒體發布招聘廣告，因爲這一渠道費用低，又有可保存性，且發行量大，故可吸引衆多的應徵者前來應徵供企業選擇。

此外，還有電視、廣播、店頭、傳單等形式發布廣告，傳播徵聘資訊，也能取得不錯的效果。

⑸業務接觸

公司在開展業務過程中，會接觸到衆多的顧客、供應商、非競爭同行及其他各類人員，在這些人員中散布一些公司要招聘人員的資訊,從而他們之中很可能有一部份人員來企業應徵。

⑹行業協會

每個地區都有許多行業協會，一般行業組織對行業內的情況比較瞭解，企業可以通過該組織介紹或推薦而獲得希望轉職的銷售人員。

⑺內部聘調

企業也可以在本公司內進行徵聘調換崗位。內部職員也以自行申請空缺位置，毛遂自薦，也可推薦他人成爲候選人，以供企業用人考核。

4.徵聘的程序及技巧

在眾多的應聘者之中，徵聘出優秀的人才，是需要運用一系列正確方式與技巧。同時，他也是衡量作為徵聘工作的銷售主管的才幹標準之一。作為銷售主管首先要端正思想，要有正確的認識觀念。這些觀念主要表現在下列幾個方面：

①認識到徵聘工作是存在著潛在高收益回報的投資。

②徵聘到能創造佳績的優秀部屬，也是主管升遷的基石。

③主動積極，不斷尋找選聘應徵者也是銷售主管應盡的職責之一。

④佳績最終是通過自己所聘用的部屬去實現的。

⑤公正的對待每位應徵者，不能存在偏見。

⑥用人不疑，一旦決定聘用，就需要給他全方位的支援。

⑦選聘標準一經確定，不能再輕易更改。

一般來說，常用的選聘方式包括幾道程序：填申請表 —— 面談 —— 測驗 —— 調查 —— 體格檢查 —— 主管確認 —— 錄用等。

(1)填申請表

發申請表，讓申請人據實認真填寫，必要時需出示有關證件資料。申請表的作用在於，可以據此初步判定申請人是否具備工作所需的一般條件和資格，可以此作為面談時提問的導向，便於對申請人所提供的資料進行全面的衡量。

(2)面談

面談是整個徵聘工作的核心部份。面談是一種有目的談話，其目標是要增進相互瞭解，

面談的主要作用在於：

①核對申請表上所述資料加以討論及驗證，對以往的工作經驗及潛能作出評估。

②面談人可把公司及未來工作的情況予以介紹，使應聘者對公司及工作有更詳細的瞭解。

③聽取應聘者對工作設想的建議，面談人可借此判斷應聘人的思維、態度及談話能力。

④透過申請者的表現，判斷他未來的實際工作情形。

面談的主要類別包括：

①非正式面談，這是在事先毫無計劃準備的情況下進行的，實際上是一種臨時討論，這種討論往往在不經意間發現應聘者的實際狀況，有助於鑑別人才。

②標準式面談，這是與非正式面談相對應的另一種極端。事先安排一整套結構嚴謹的面談問題，並配有記分標準，以高低分衡量應聘者的綜合素質指數。

③導向式面談，由面聘人提問若干典型問題，引導應徵者回答，從而獲知一些情況。

④流水式面談，由每一位應徵者按次序分別與幾個面談人面談，面談結束後，各面試者聚集在一起，彙集並比較各應徵者具有的各種特殊興趣予以全面考驗。

面試的過程按深淺程度可分為初始階段和深入階段，如果申請人在初始階段不合格，則不應進入深入階段的面談。初始階段面談主要是一些最基本最一般的問題，如工作經驗，家庭地址變遷，社會背景、以往的獎勵和處罰。如果有一些不利因素存在，可事先對應徵者予以淘汰，比如：失業時間過長、信

譽不佳、有不良習慣、身體狀況不合格、負擔較多、無銷售經驗、慣於跳槽、生活範圍不穩定、生活作風不正、情緒低落等等。而深入階段的面談主要是就工作的動機和行爲等方面作實際的探討。比如：爲什麼要加入我們公司？爲什麼要改換工作？爲什麼在一年內更換二次工作？在失業期間都做了些什麼？你喜歡什麼樣的工作？希望什麼樣的薪金水準？以前的收入或傭金水準？在校期間擔任過什麼重要工作？受過那些獎勵或懲罰？自己覺得自己有那些長處？是否有實際工作經驗？在什麼地區經銷過產品？銷售量或銷售額是多少？在所在銷售小組中地位如何？與什麼樣的領導一起工作？如何與上司相處？同事關係之間如何？對即將履行的工作有何想法？……等等。

　　如果能使面試者與應徵者之間的談話良好的持續下去，使在面試中發掘真正的優秀人才，那麼，作爲面談主持人必須要掌握一定的面談技巧，以提高面談的效率。比如：胸有成竹，詳加準備；迂回發問，婉轉入題；察言觀色，調節氣氛；面談記錄，寧缺勿濫；態度緩和，以靜制動；注意節奏，控制過程；保留餘地，圓滿結束等等。面談者在面談過程中主要的發問技巧有：開放式發問，即希望應徵者自由地發表意見或看法：封閉式發問，即希望對方就問題列出明確的答覆；誘導式發問，即以誘導的方式讓對方回答某個問題或同意某種觀點。再下來就是面談者的追問技巧：探詢式追問，如問「爲什麼」、「怎麼辦」、「請再說下去」、「真的如你所言嗎」、「是什麼使你產生這種想法」或一些非口語化的表情手勢；反射式追問，就是把對方所說的內容再叙述一遍，以此來考驗對方的反應及真實意圖。

經過以上這些程序之後，面談也就該結束了，面談主持人應對面談結果作明確到位的評估，以便決定是否淘汰，如有合格則進入下一階段的挑選。評定的標準包括，儀表、口才、知識、經驗、智慧、誠意、毅力、協調、成熟、志向等等，就各個標準進行打分，最後評出全面結果，擇優錄用。

⑶測驗考核

面談畢竟是聽取應聘者的一面之辭，測驗考核則能測出應聘者的真實能力水準。常規的測驗考核主要有：①專業知識考核。這主要是對應徵者進行銷售知識方面的測驗，旨在衡量應聘者是否具備所需的推銷基本知識。②心理素質考核。這主要是對應聘者進行智力、個性、興趣等心理特徵的測驗，這些心理特徵對銷售工作具有重要影響，關係到銷售工作的成敗。智力測驗是測定應聘者的智力分數，如記憶、思考理解、判斷、辯論等。個性測驗主要測定應聘者的脾氣、適應力、推動力、感情穩定性等方面的個性。興趣測驗主要測定應聘者學習或工作方面的興趣所在，以便在錄用指派工作時，儘量滿足他們的意願。實地試驗測驗主要考核應聘人如何向購買者進行銷售，面對真正的顧客，可以看出應聘人應付顧客的能力及對待工作的興趣與態度等。

⑷調查

經過測驗考核如果合格，就可對應聘人所提供的資料進行查證，以確認其資料的真實性。查核的內容及方式主要包括：通過專門拜訪應聘者以前的工作單位或客戶以獲取應聘人過去工作的真實情況，看是否與其所提供的資料相符；通過電話或

信函及諮詢的方式對應聘人以前的老師、同學等來查證落實應聘人的人品。

⑸錄用

即使在經過上述這些層層的審查和測試，公司在錄用應徵者之前最好能用電話再查詢一下這個人過去的工作狀況和信用，確實沒有問題再加以錄用。決定錄用一個業務人員以後，在正式聘任之前，最好有三個月的試用階段，在這個階段讓應徵者與企業之間都有時間彼此適應一下，看看是否勝任。若能夠勝任，再予以正式錄用。

5.用人的十大要訣

用人的秘訣最重要的是，第一次就要聘用最好的人才，寧缺勿濫。

如果你用錯了人，不管你花多少的時間去指導、訓練、激勵和要求，都無法勝任，不但浪費了公司的時間和精力，而且浪費了許多的金錢，並且對公司會造成許多無形的損失。

一流的人才難找，但如果能找到一流的業務人員則是公司的無價之寶。以下是聘用一流業務人員的要訣

⑴要經常的尋找與物色

大多數的公司都是等業務人員流失了才來聘人。結果被迫使用二流的人才或濫竽充數。因此，平時就要有計劃，有系統的物色人才作以儲備。

⑵不一定要有豐富經驗的

有經驗的業務人員固然對業務能够輕車熟路，但好的業務人才不限有無經驗，最重要的是具有潛力，值得訓練和培養。

(3)多途徑尋找

在各種場合，只要碰到表現優良的人員，就可詢問他有無意願到公司來服務，發出求才的詢息。

(4)業務人員的態度最重要

一流的業務人員都是充滿強烈的成功和成就慾望，願意挑戰和創新，具有使命感，勤奮努力，不斷追求，鍥而不捨。所以，好的與不好的業務人員最大的差別在於態度上。

(5)先用電話溝通

在沒有見面之前，先打電話給應徵者，在電話中就可以瞭解他給你的第一個印象。比如，他接電話時態度是否很熱誠？他是否認真傾聽？他回答問題是否很專業？

(6)面試不要一次就通過

某些時候第一次的印象很片面，立即決定往往會有失誤，最好是安排兩次或三次的見面，經過反復測試後會效果好些。

(7)面試不要一個人就作決定

幾個人一起來對應聘者進行面試，再綜合大家的看法，會比較客觀公正。

(8)面試不要安排在同一個地點

多次的不同地點面試，可能進一步瞭解業務人員的態度和應變能力。比如，行政辦公室、銷售現場、客戶的會客室等等，看看應聘的適應能力如何。

(9)錄用之前先徵信

在錄用之前，應對業務人員的為人、品德、情操等取得證實。

⑽聘用優秀者

業務人員的選拔一定要聘用優秀者，唯有優秀的人員才能給公司創造優異的業績。同時，也要抱著「寧缺勿濫」的原則，絕不可草率聘用表現不佳者，否則，該業務人員無法達到企業所預期的效果。

三、訓練

優秀的業務人員具有良好的「觀念」，而良好的「觀念」就有賴於教育訓練。只要透過不斷的教育訓練，就可以打造出優秀的人員。

要做好業務訓練工作，事先要有一套實際可行的計劃，通過這一系列訓練計劃的實施，才能取得良好的效果。

1.確立訓練的目標

作為訓練業務人員的具體實施者首先要知道，良好的訓練可使銷售人員具備信心，專業知識與技能，這樣士氣就會高昂，銷量自然好，業績自然多，收入也可觀，從而自然降低了人員的流動率，從而保證了銷售隊伍的穩定。

培養稱職的銷售人員，我們可以把它視為銷售人員訓練的基本目標。要使他們掌握作為一個業務人員所應掌握的業務知識，具體包括：市場知識、企業知識、商品知識、推銷技巧以及法律與金融方面的知識。要培養他們具有過人的觀察力、判斷力、決斷力、表達力、記憶力和創造力，要使他們足以勝任該項工作。

有了明確的目標，訓練工作也就有了指導和方向，同時訓練的成效如何也有了相應的基準，而不致於訓練夭折。

2. 實施訓練的計劃

有效持續的教育訓練，是讓業務人員能够不斷充電、改善工作方法、改進工作能力、提升效率和生產力的最佳方式。同時，也可提高業務人員的士氣、減少挫折感和降低流動率。

但任何管理活動進行都要有合理而週密的計劃，訓練目標的確定規定了工作努力方向和大致的軌道，如何把目標轉化爲現實，首先有賴於計劃制定的相應行動步驟。下面將詳細介紹：

(1) 訓練目的

任何訓練都要設定目的，不但可以讓主持訓練的人清楚瞭解訓練的目的在那裏，有助於安排訓練課程的重點和優先順序，而且可以作爲訓練成效評估的依據。

一般來說，業務訓練目的都是希望能够提高生產力，但每次訓練都必須設定特定的目的，比如加強商品知識、強化業務開發能力或業務目標設定和時間管理等，目的越明確，效果就越高。

許多公司在設定訓練的目的之前，通常會先瞭解業務人員到底需要什麼樣的訓練，在作業的過程中碰到什麼困難和瓶頸，需要改進那些作業技巧與流程等。

瞭解業務訓練的需求，一般會通過以下幾個方面來擬訂：

① 管理階層的需求

管理階層通常基於行銷策略考慮，會要求業務部門加以配合，譬如針對某些特定的商品、市場通路的開發，針對某些客

戶的連系或對新進人員對公司、產品和市場的瞭解或看法等加強訓練，尤其是一旦公司的政策、市場的環境和競爭格局的改變，更要透過業務訓練的方式讓業務人員能够認識、加強應變的能力。

②業務人員的建議

徵詢業務人員的建議是最直接也是最有效的方式，業務人員就其實際作業所遭遇的最能反應其需求。此外，管理人員也可透過對業務人員的觀察，瞭解業務人員在作業上的弱點和缺失提出訓練的建議。

③顧客的建議

一般公司在做作業訓練工作很少考慮到客戶的建議，事實上，客戶的建議既客觀而且極具價值，他可以指出業務人員最該加強訓練的地方。

④公司記錄

公司記錄是瞭解業務人員作業實力的最好工具，從業績報表、新客戶的開發數目、地區別的業績成長狀況等記錄，可以比較、發掘業務人員作業上的問題，給予特別、加強的訓練。

根據以上這幾種方式來瞭解業務訓練的需求，擬以制定訓練的目的和內容，可以說是最實際和最有效的。

⑵訓練人員結構

訓練該誰負責？誰最有資格擔任主持人？一般有三種人：

①行銷總監

優點是這些人都具有豐富的經驗和銷售經歷，能够以過來人的身份指導新進人員，同時，在訓練的過程中對於人員的需

求，受訓人員也比較聽從，能够按他們的指示去做。此外，行銷總監也能在訓練過程中進一步瞭解作業人員的需求加以指正和解惑，可以讓人員馬上運用到實際的作業操作上，取得最大量化的效果。

　　但也有不足之處，作爲行銷總監來講，本身還有許多業務工作要去完成，因此往往抽不出時間來擔任訓練的工作，即使有時間，時間也很有限，或是無法專心在訓練工作上。另外一種狀況是，有些人很會做業務，但是不會講，或缺乏訓練技巧，讓聽課的人提不起學習的興趣，主持人都感到無法勝任。

　②訓練部門的主管

　　這些人員比較理想，他們是專門從事訓練的工作，不但專業而且能够專心的把訓練工作做好。他們負責課程的設計、安排、教材教具的準備，熟悉訓練方法和技巧，可以使訓練做得生動而有效，非常到位。

　　但是應該避免的是他們具有權威性，不切實際，容易流於紙上談兵。他們沒有行銷總監那樣針對性強、效率高。但往往三軍易得，一將難求，好的這類人才很難找到，即使找到，但收費極高。

　③訓練專家

　　這些人員都是學有專精，各有所長，公司可以就自己本身實際需要出發，採取全部委托，或是部份委托這些人來代訓業務人員，在政策上比較有彈性，而且也不需要自己培養這方面專才。

　　但是，這些人各有所長，涉及範圍較廣，往往不瞭解公司

內部實際狀況，無法掌握訓練的重點或不能符合業務人員實際的需要，同時，該類人才也存在素質不整齊，費用開支上比較高，成效也不一定能達到公司預期的願望。

以上這幾類受訓主持人的結構依公司規模大小，實際需求而定，不要死搬教條，靈活運用。

(3)訓練時間

訓練時間該有多久？現在世界上還沒有一個標準，它是視行業實際需要而定，有的企業一個月，有的二個月，有的從不間斷，邊走邊學。但是，它有個前提，要使訓練達到效果，必須從幾個方面考慮確定：其一產品的性質，產品性質複雜，訓練時間也較長，反之則較短；其二市場情況，主要考慮競爭的激烈程度和企業本身與競爭對手的力量對比；其三是人員素質狀況；其四是要求嚴格的企業不會敷衍了事；最後是採取的教學方法，如果用視聽教材及多媒體的運用可以在不長的時間裏會收到預期的效果。

(4)訓練地點

訓練地點的確定往往要和訓練方法相結合，一般大多數企業都選擇集中式和分散式兩種模式來進行。

①集中式訓練

這種選擇大多是找一個固定的地點，將所有的訓練人員全部集中在一起訓練。比如：訓練中心或企業會議室。這樣顯得更正規、不受干擾，能專心學習，培養團隊精神氣氛，訓練工作的實施也更徹底。

②分散式訓練

工作現場或各地區分支機構辦公室。這樣的訓練比較有彈性，可以依據現場需要馬上安排，就題發揮，可以使業務人員一面受訓一面工作，便於洞察實際市場情形和顧客需要。

⑸訓練內容

在確定訓練內容之前，有必要明確銷售人員的職責，在此基礎上制訂一份完整地說明銷售人員職能的說明書，詳細寫明職責、技術及特殊業務要求。一個人不可能向所有人推銷一切種類的產品，銷售人員的業務培訓應該有一定的側重點，或者是精於推銷某類產品的專家，或者是精於同某顧客打交道的市場專家。在為銷售人員制訂業務說明書之前，必須考慮其未來業務的側重面。實際情況也是如此，要求什麼都精通的結果往往是什麼都稀鬆。

對訓練內容的一般看法是應包括下面幾方面：首先是對企業一般情況的瞭解。像企業的歷史、經營方針、企業文化、公司政策、組織結構和作業程序等等，在企業正式培訓之前，都會由企業負責人講授企業艱苦的創業過程，培育企業文化增強企業凝聚力的作用。特別對那些新進加入的銷售人員，建立強烈的歸屬感和榮譽感，培養愛崗敬業的責任心與事業心，這一環節的教育更不能捨弃。瞭解企業在行業中的現有地位、競爭實力和企業內部矛盾現行的各種政策是使銷售人員從整個企業大局出發行事的必要措施。作為銷售人員，對企業的行銷戰略、企業的顧客、企業的競爭者有比較全面清醒的認識應算職責之內的事。行銷戰略包括企業的產品、價格、銷售渠道和促銷策

略。這些內容理論基礎來自市場行銷學，但在培訓中還要結合本企業的具體情況，不能空談理論。對於顧客和競爭者的瞭解，側重於物件範圍的界定和一般特點的研究。

接下來是基本的專業技能輔導，首先要求業務人員要從行銷學的角度對目標市場的顧客類型、購買心理過程、用戶卡的使用情況，及準顧客和市場前景作深入地剖析探討。

①與顧客洽談的技巧

包括初次訪問、自我介紹、再度訪問、應對法、推薦商品、售後服務等。

②產品知識的介紹

包括品質特徵、成本與價格、減價限度、生產過程、競爭產品特性等。

③銷售計劃

包括時間安排、如何提高效率、行動記錄、重點分析。

④銷售業務

包括記帳、支票、提款等一般銀行業務；合同、交貨、統計業務；分期付款、利息計算、函電等交易知識。

再次是銷售管理業務的指導，包括銷售人員的自我管理，顧客管理（如回復顧客查詢及處理）、預測技術的使用和銷售報告的擬定，處理各種文書檔案進行銷售業績分析，銷售費用的控制等。

最後是職業道德教育。越來越多的企業把這一項納入到訓練內容中。第一流的銷售人員都是有道德的人。所以在推銷員培訓中，道德教育應當首當其衝。道德教育對普通的銷售人員

十分必要，即使對直接管理銷售人員的銷售經理也必不可少。當「人本管理」的思想貫徹於企業經營管理各個環節時，在培訓內容中加入道德教育就不再被認爲是所謂「畫蛇添足」之舉了。

培訓的內容五花八門。企業自身情況不同，培訓內容也各異。一些企業還注意加強銷售人員在經濟學、社會學等相關學科的修養，力圖多側向全方位地塑造富於創造力與開拓性的銷售人員。因此在籌劃培訓內容時，最重要的是要因地制宜、因人施教，保證內容的針對性。

此外，除以上面所介紹的之外，業務訓練的內容還包括：目標管理、時間管理、團隊銷售、法律知識、電腦輔助銷售等等。尤其是近年來個人電腦化日益普及，有許多企業已經把電腦列爲業務人員的銷售配備，業務人員可以運用電腦接受訂單、計算業績、計劃拜訪客戶日程、處理工作細節和做彙報及統計資料等工作，因此，電腦的專業知識和技術的訓練也要不可草率。

⑹訓練方法

不管訓練的內容多麼豐富，若沒有好的訓練方法，便會影響訓練的成效。若操作不當，學習的人員興趣不高，而訓練主持者也索然無味。一般常採用的方式有以下幾種：

①演講

在闡述某些原則或概念，演講是極佳也最常用的使用訓練方法，可以在較短的時間內，針對較多人做說明，如果演講者的口才不錯，善於運用輔助器材，並開放式的讓學員發問，就

可達到很好的訓練效果。這種方式最直接，也最容易受到歡迎。

②討論

討論可以指定題目，由講師引導，業務人員可以透過討論交換披此的心得，尤其有資深的業務人員在場，更能提供寶貴的經驗。討論時，業務人員可以分成若干小組，討論後得出結論，讓主講者加以指導。

③示範

透過實際的操作演練和真人的現身說法，可以使商品和推銷技巧有機的結合起來，學員身如現場，時效性極高。

④角色演練

這種方式通常是由一個人扮演顧客，另一個人扮演業務人員，從實際推銷行爲中探討推銷技巧，這種邊做邊學的學習方式最有成效。

⑤類比和競賽

爲了刺激人員的學習興趣、獲得學習的極大效果，可以採用遊戲、競賽、類比情境、個案研究的方式來訓練人員，讓人員有高度的參與感，尤其在合作上可以培養團隊精神。

⑥投影設備

採用投影設備來訓練學員，是最節約時間與英明 的方法。目前有許多直銷公司都採用這種訓練方式，具有彈性。

3.訓練工作的管理

爲了加強銷售人員培訓工作的管理，使其有成果，必須做幾個方面的工作：

⑴制定培訓計劃

制定業務人員的培訓計劃，首先要根據企業的實際需要，具體的確定培訓的方法、內容、步驟等工作方案，以滿足企業生產和經營的發展需要爲總目標，要把培訓計劃納入企業總體計劃統籌考慮，使之更具有科學性。

⑵健全培訓制度

爲保證培訓工作具有科學性，制度化，必須要建立一系列管理制度來保證它有序的進行。這些制度包括：人員培訓責任制度，上崗前的培訓制度，人員培訓考核評估制度等。

⑶評估培訓成果

許多公司只把人員送出去培訓，却從來不追成果，成果如何，誰也說不準，所以要進行認真的對培訓結果進行評估，有利於提高培訓工作的質量。可以從這幾個方面進行：

①受訓人員的學識有無增進，增進多少？

②技能有無增強，增強多少？

③工作情緒有無改變，改變程度如何？時間持續多久？

④工作效率有無增進，增進的程度？

⑤工作情緒有無提高，提高多少？

⑥人員受訓後對公司的影響如何？業績有否增加？客戶有否增加？顧客滿意度有否增加？

總之，任何訓練都要評估其成果，是否達到預期的目的，是否提升了士氣和生產力，同時也可作爲以後的訓練計劃作依據。

四、薪酬

對於銷售酬賞制度的選擇和確定，是銷售隊伍建設中的關鍵。有人把銷售酬賞制度視爲管理工作之「綱」，只要善於抓住和利用好這個綱，就能使複雜管理的問題易於解決。正因爲如此，企業銷售酬賞制度的確立，決不是一個戰術性的問題，而應該被視爲一個戰略方針。

企業對於銷售酬賞制度的選擇，表現出了不同的行動取向，並由此產生了一系列管理問題，在一些企業甚至出現了銷售隊伍人心不穩的現象，並影響到企業競爭能力的提高。

如果有業務人員告訴你說，他不在乎待遇多少，只在乎工作的表現，千萬不要相信。

沒有一個業務人員不在乎待遇的，如果有，他絕不是一個好的業務人員，因爲他沒有「業績越高，收入就越多」企圖心。

業務人員不但在乎待遇，而且會斤斤計較。他們常爲了同一個案子，獎金如何分配而爭得面紅耳赤。

所以制定一套適當的、規範的銷售酬賞制度，對於企業的生存和發展來說，是至關重要的。

1.銷售報酬的原則

在實踐中，一些企業爲了確保單位的收益，而把銷售人員的報酬維持在一個較低的標準上，結果最終還是影響了銷售人員的工作積極性，降低了銷售業績；而另一些企業則迷信所謂「重賞之下，必有勇夫」，其結果也往往與其初衷背道而馳。

　　市場銷售作爲一個特殊的行業，在現代市場經濟條件下對企業的生存和發展起著至關重要的作用。因此在銷售酬賞方式的安排上，應該結合行業特點，採取具有特色化的酬賞措施。但是必須注意，採取特色化的酬賞措施，並不意味著無原則地進行。

　　所謂銷售酬賞的原則，就是說企業在支付銷售人員的酬勞時，既不能標準過高，也不能過低。過高會影響企業的正常收益，並產生互相攀比等負面影響；而過低則難以起到激勵銷售人員爭創一流的作用。因此，堅持銷售酬賞的適度原則，就必須在酬賞標準的確定上，既要考慮企業的收益，又要注意調動銷售人員的積極性，即在雙方之間尋求共同的基礎或一致性，以確保在雙方之間建立起積極有效的互動關係。就當前情況而言，企業在銷售報酬制度的選擇上，之所以要突出強調適度的原則，主要有以下幾個因素：

⑴確保企業利益能够充分實現

　　這個標準往往成爲企業確立銷售報酬制度的一個前提。企業在銷售管理中追求的利益是什麼？一般而言，應該是對利潤的獲取和實現其總量的增長。在市場競爭日趨白熱化的今天，爲了實現企業收益增長的目標，企業通行的做法是自動讓渡一部份物質利益給銷售人員，這樣做一方面有利於企業樹立自身的管理權威，加強對於銷售人員的行爲控制，又有利於激發銷售人員的工作熱情。但在實際的執行過程中，一些企業片面追求物質刺激，違背了適度原則，出現了各種各樣的高酬賞方式。一個常見的說法是銷售工作中，企業給予銷售人員的利益越

多，就越能激發銷售人員的工作熱情，從而確保企業的利潤目標得以實現。從一定意義上說，這個假設不能算是錯誤的，但從更爲全面或更爲本質的意義上來思考這一個問題，至少有兩個方面值得反思。第一，企業對利潤的追求並不只表現爲一個短期的過程。在多數情況下，對於長期利潤率追求更能體現企業的戰略目標。因此，一些只在追求短期收益的高報酬方式很可能與企業的戰略目標發生衝突；第二，企業所追求的利潤也不僅僅表現在利潤這個單一指標上，在現代市場經濟條件下，企業形象的塑造、銷售隊伍的穩定性、企業成員的親和力、管理成本的節約等因素形成企業綜合性的目標追求。因此，單純以物質利益爲手段的高報酬方式可能並不有利於企業整體目標的實現。雖然，儘管在許多情況下，對銷售報酬方式的確定是以企業的利益追求爲出發點的，但企業銷售部門必須確立對企業利益追求的全面認識。一些企業正是由於這方面存在一些簡單化的認識，違背了適度原則，從而導致了銷售報酬制度對企業整體目標產生的負面作用，甚至導致企業管理秩序的混亂和文化的破壞。

(2)確保銷售人員自身利益的全面實現

銷售人員的利益追求也是一個頗爲複雜的體系，其中既包括對於物質利益的追求，也包括職業與生活穩定性、發展問題、人際關係狀況以及其他各種心理的滿足。對於企業而言，爲了確保銷售隊伍的穩定性和長期性，就不能僅僅採取物質化的高報酬方式，因爲單純性的物質利益手段無助於銷售人員綜合性的需求實現。對於銷售人員，如果引導他們僅僅爲獲得物質利

益而努力，還會助長各種過分的利己主義及行為，從而引發銷
售人員之間大量的資源和利益衝突，也會大大降低銷售人員對
於企業的責任感和忠誠意識。

⑶有助於實現個人收入與投入風險之間的平衡

銷售人員能够獲得多大的報酬，與其所承擔的風險是一致
的。顯而易見，高報酬方式意味著銷售人員要承擔高的投入風
險，而低報酬方式則意味著降低了銷售人員的投入風險。理想
的報酬方式要求企業在利益和風險之間進行平衡。這就要求企
業認真研究銷售人員的風險承受能力，不能因為追求高報酬而
忽視了對企業銷售人員風險能力的評估。否則，企業即使是確
立了較高的報酬方式，也難以發揮應有的作用。事實上，由於
風險因素的介入，企業的報酬制度與激勵程度之間存在複雜的
關係。高報酬方式並不一定意味著高激勵。這種情況又會導致
企業銷售人員為降低風險而努力，甚至離開原定的工作崗位。

⑷關於公平問題

圖 6-11　良好業務報酬制度必須要素

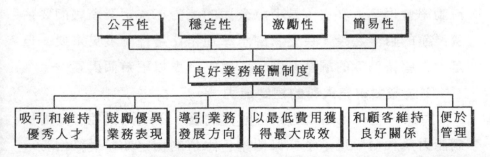

銷售工作雖然是一種比較特殊的職業，應該採取特殊的報
酬手段，但不能因此忽視社會對於消費需求的制約。企業在報

酬水準的確定上,一方面必須遵循政府政策的制約;另一方面,銷售人員從銷售報酬中所獲得的滿足感並不完全取決於其絕對值,而是取決於其相對數額的多少。事實上,銷售人員往往傾向於進行收入方面的比較,這種比較把個人的努力與收入和別人的努力與收入(本企業的員工或外企業的同行)聯繫起來,以獲得心理上的公平感。如果收入低於銷售人員的公平期望,便會導致銷售人員的不滿;但若過分超出了銷售人員的公平期望,又會助長各種投機性行爲和懶惰現象,同樣不利於企業的發展。因此,對於企業而言,選擇銷售報酬方式的根本,並不在於確定一個較高的銷售提成比例或銷售報酬的絕對值,而在於找到一個適宜的報酬區間,在這個區間內落實對銷售人員的工作報酬,使銷售人員獲得一定的報酬的優越感,從而實現其激勵作用。

2.銷售報酬支付水準與模式

銷售報酬支付水準與模式的設定,首先要考慮到同業水準。因爲如果一個公司的水準遠低於其他同業公司的水準,則流動率會很高。其次,是考慮公司的能力,決定業務報酬要佔營業額的百分之幾。決定報酬水準通常比選擇制度更重要。但是,在堅持適度的酬賞原則下,重點考慮以下幾個因素:

⑴企業對銷售人員的控制能力

顯然,企業所確立的銷售酬賞制度,不能以犧牲必要的控制能力爲代價,這是企業保持銷售隊伍的穩定性並最終佔有市場的關鍵。爲了實現這一點,企業必須承擔必要的投入風險,而不能把絕大部份的風險轉嫁給銷售人員。不僅如此,企業還

要盡可能解決銷售人員的後顧之憂，除了正常的福利之外，還要為其提供一筆穩定的收入，而這筆收入主要與銷售人員所從事的推銷崗位有關，而不與其促銷貢獻發生直接聯繫。

⑵銷售酬賞的激勵程度

理想的銷售酬賞模式要確保對銷售人員具有明顯的激勵作用。企業除了賦予銷售人員穩定的崗位收入以外，要善於依據其貢獻大小而在其總體報酬上進行區分，給予數額不同的額外酬勞。這是銷售酬賞制度真正實現激勵作用的關鍵。當然，至於額外酬賞的多少，要依據綜合的因素進行評定，但決不能採取簡單化的做法，以為獎勵越高，激勵也就越大。

⑶銷售酬賞的具體方式要具有靈活性

理想的酬賞模式應該具有變通性，能够結合不同的情況進行調整。實際上，企業的組織文化、經營狀況、期望水準、市場風險存在很大的差異，導致不同行業或企業之間酬賞要求的不同。就酬賞與激勵的關係而言，實際存在著四種非常現實的關係，即「高酬賞──高激勵」，「高酬賞──低激勵」，「低酬賞──高激勵」，「低酬賞──低激勵」。顯然，這種情況要求企業在具體的酬賞方式的選擇上，能够對各種相關的因素進行綜合的評估，並進行科學的決策。

綜上所述，對多數企業而言，理想的銷售酬賞模式應該採取「薪水（工資）＋獎勵（提成）」的方式，確保銷售人員有一個穩定的薪水（工資）收入，並根據其貢獻大小獲得額外的獎勵（提成）。這種酬賞制度保持了較大的靈活性，可以根據具體情況的差異，進行相應的靈活具有彈性的調整。不同的企業或企業的

不同經營時期，從薪水（工資）與獎勵（提成）的關係來看，大體上存在著幾種具體類型：

①高薪水＋低獎勵

這種方式比較適合實力較強的企業，或具有明顯壟斷優勢的企業。通常企業形成了比較良好的文化氛圍，並爲銷售人員提供了良好的福利和各項保證，銷售人員具有强烈的歸屬感和榮譽感。由於企業的性質和推銷崗位的特點，銷售人員的崗位工資（薪水）通常高於其他行業或企業，從而使銷售人員在社會公平的比較中獲得明顯的優越感。正因爲如此，即便企業所提供的額外獎勵幅度較小（通常相當於崗位工資的 20%～50%），該酬賞方式亦能具有較大的激勵作用。「高薪水＋低獎勵」的酬賞方式能够確保企業對銷售行爲的控制，但需要警惕的是，過度的控制又會喪失銷售隊伍應有的活力，特別是一些規模較大的企業，易於受到官僚主義企業文化的影響，甚至在工資或獎勵上搞平均化，從而導致激勵强度的弱化。

②高薪水＋高獎勵

這種酬賞方式通常適合於快速發展的企業。其迅速成長的特性，需要不斷加强對銷售隊伍的刺激力度，以擴大對市場的佔有和擊敗競爭對手。同時，處於發展中的企業又必須加强對銷售人員的行爲控制，以確保企業戰略的實現。實行這種酬賞方式的企業往往具有較大的凝聚力和團結作戰的能力，要求銷售人員具有較高的文化素質，能够準確理解公司的戰略意圖。但應該警惕未來風險的可能性，因爲蓬勃發展的局面並不總是伴隨著企業。該酬賞方式除了其崗位工資高於其他行業或企業

處（甚至高於公司內其他崗位的員工），其額外獎勵的幅度通常大於崗位工資的 50%，甚至數倍。

③低薪水＋高獎勵

這種酬賞方式具有準備金制的性質，銷售人員的薪水僅低於其他行業或企業，也可能低於公司內其他崗位的職工。這些薪水主要用於彌補正常的生活費用，甚至僅僅相當於部份促銷補貼。在一些企業，其數額僅僅相當於企業平均工資的 1/4～2/3。但在獎勵幅度上比較大，可以達到其銷售業務額的 1%～5%。該酬賞方式通常適合於夕陽時期的企業或產品，有助於企業收回應有的收益，或減少可能的損失。在市場競爭比較激烈、企業具有一定優勢而管理力量較為薄弱的情況下，也可以採用這種方式。

④低薪水＋低獎勵

實行這種酬賞方式的企業，經營狀況一般不是太好，或正處於企業創業的困難時期。儘管從社會比較的角度來看，這種酬賞方式處於劣勢，但由於該酬賞方式很可能依據企業推行這種酬賞方式的時間不宜太久，在條件改觀時要適時進行調整，否則，會使銷售人員失去一定的耐心，而轉向其他企業效力。

⑤非物質性酬賞

銷售人員從事推銷工作的滿足感不僅僅來自在於物質利益方面，特別是隨著社會的發展，銷售人員對精神生活和其他非物質性內容的追求也會越來越重要。諸如尊重、公平、成長、成就、榮譽、提升、人際和諧等，都成為銷售人員追求的目標。企業可以利用這些因素來增強銷售人員對企業的認同意識的滿

足感。這也提出了一個企業如何建構銷售文化的問題。事實上，無論採用何種物質酬賞方式，企業都不能無視銷售文化的建設。在現代市場開拓難度和競爭強度日益加劇的情況下，銷售文化建設越來越成爲企業致勝的法寶。

⑥傭金制

圖 6-12　常用業務報酬制度實施步驟

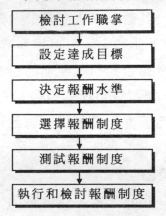

```
┌─────────────────┐
│  檢討工作職掌    │
└─────────────────┘
         ↓
┌─────────────────┐
│  設定達成目標    │
└─────────────────┘
         ↓
┌─────────────────┐
│  決定報酬水準    │
└─────────────────┘
         ↓
┌─────────────────┐
│  選擇報酬制度    │
└─────────────────┘
         ↓
┌─────────────────┐
│  測試報酬制度    │
└─────────────────┘
         ↓
┌─────────────────────┐
│ 執行和檢討報酬制度  │
└─────────────────────┘
```

　　任何形式的銷售酬賞制度都不可能是十全十美的，即便是十分合適的銷售酬賞方式，也會隨著條件的變化而變得不合時宜。因此，銷售管理部門要定期對銷售酬賞制度進行評仿，以尋求改革和完善的途徑。目前比較常用的是銷售傭金制，在各地，傭金制度多在保險、汽車、房地產等特殊銷售領域內推行，其特點是商圈穩定、費用投入少，銷售業績的提升與個人能力（智慧、品質、態度、性格、體力等）相關性較強。

　　對於多數企業來說，由於其成長和發展的屬性，特別是在國內外競爭日益加劇的情況下，推行傭金制一定要謹慎。如果推行的結果並不理想，就面臨著完善和改革的問題。但一種管

理制度的推行必然會給企業帶來某種慣性，因此傭金制度的完善和改革亦不能採取簡單化的做法。雖然企業可以根據需要把傭金制度改變為「薪水＋獎金」的方式，但為了避免由於制度變化而帶來的衝擊，也可採用某些過渡的形式，如「補貼性傭金制」（在投入費用上給予推銷員一定補貼，以減輕其推銷風險），「低薪水＋高獎金」的準傭金制形式；以及「雙軌制」方案，即而在另一部份人（通常是公司新進的銷售人員）中推行其酬賞方式。而制定的制度不同，採取的方式也就不同。那種「又要好馬跑的快，又要好馬不吃草」的觀念早已不可取了。

3.業務報酬制度的五大要訣

業務報酬制度相當重要，它具備下列特點：

⑴制定要量身定做

沒有一個制度是完美的，也沒有一個制度可以適用於任何行業或任何公司，因此，每個企業都應該根據自己的公司性質、目標、規模、政策等來設定自己的業務報酬制度。

⑵貢獻與收入相符

業務人員對公司的貢獻越高，也就是創造的業績和利潤越高，收入自然要越高。越有能力的人越要以高的薪水和獎金讓他們把業績儘量提高。

⑶付給高待遇

許多公司希望「馬兒好，又要馬兒不吃草」，對於業務人員的待遇斤斤計較，這是錯誤的心態。公司不要怕給業務人員高的薪水和獎金，只怕業務人員創造不出高的業績。

⑷具有高度的激勵效果

最不好的業務報酬制度是缺乏激勵性，業務人員像公務員，做得好、做不好都無所謂，因此，形成了「劣幣驅逐良幣」的現象，導致真正的好人才留不住。

⑸制度具靈活性

制度是死的，運用是活的，因此，制度設定以後，必須依賴實際的狀況做適當的調整。尤其是碰到同業競爭或擔負特殊任務時，應該要有彈性與具有靈活性。

五、激勵團隊

在激烈的市場競爭中，業務員的工作每天面臨著很大的壓力和挑戰，因此，要讓業務人員保持高昂的士氣很不容易。

不管日曬或雨淋，不管春夏秋冬，業務人員的工作就是在外面的市場第一線奔走，面對各種不同的客戶。業務人員辛苦和挫折感往往是大多數人難以體會的。

在推銷的過程中，再好的業務人員都會被拒絕，如果是陌生的拜訪，吃閉門羹的狀況是常常遇到的。

儘管有些客戶很客氣、很親切、很大方，但也有很多客戶是很粗魯、很無禮、很不講原則的，因此，要完成一件銷售案子，往往需要很大的耐性、決心和毅力。

時常可以見到，業務人員往往會感到孤立無援，希望得到公司更多的支援，得到企業上下同仁的普通關懷與理解。所以，有效的激勵是業務管理上很重要的工作。

1. 制定強者機制

制定強者機制，就是把銷售隊伍在企業組織上、思想上、行為上及利益分配上重視強者的作用。從而，對銷售隊伍中有責任心，有開拓性、有能力提高貢獻的員工進行獎勵，鼓勵強者競爭，並要為他們中的拔尖人物脫穎而出創造條件，形成氛圍。

應該說，強者機制是市場競爭下的產物。發揮強者作用，政策向強者傾斜，為強者創造成才的環境，就能使企業在銷售隊伍中保持著有一支衝鋒陷陣的先頭兵，一股核心的力量。

制定強者機制，是確立企業需要強者的意識。企業在銷售中的奏效主要是依靠銷售骨幹，這些骨幹就是銷售的強者，他們是企業中最寶貴的人才，這些骨幹的勞動在企業中應得到更多的尊重，形成強者是企業的中流砥柱的共識。

制定強者機制是培育強者。不斷提高強者的素質，增強其強者的功力，強者要有實力，這是建立強者機制的核心之所在。

大多數企業都是從下列幾個方面培育強者的：

(1) 愛崗敬業

作為培育強者的首要條件，應把勤勤懇懇，兢兢業業熱愛並忠於企業，全身心地投入到本職工作中去作為培訓的重點。

(2) 市場攻擊力要強

「強者」之所以強，關鍵之處就在於他的銷售能力強，成交額多，為企業贏得的利潤額高。這就需要心系市場、「泡」在市場，潛心去研究市場；吃透行情，把握商情，全力去開拓市場；市場無限大，就看本領有多大，這個本領就是市場攻擊力。

⑶資訊捕捉迅速

「強者」要把資訊匯總，關於各種技術資訊、產品資訊、價格資訊、市場信息等都要及時獲取。要勇於走出去，在與同行、競爭者、顧客等各層面的人接觸中，獲取最新最快的資訊。

⑷快速反應

強者要有敏銳的洞察力和快速的反應力。對市場的變化，競爭對手的變化，顧客購買傾向的變化以至行情的變化、都要及時作出分析，快速進行反應。

⑸要能與客戶建立良好長久的關係

要求強者與顧客親和力要強，要能够和用戶建立一種相互信任、相互理解、相互支援、友好合作的融洽關係。

⑹自己完善能力要強

這種自我完善包括提高自己的思想素質，業務素質，包括不斷總結成功經驗和失敗教訓；包括向同行學習，取人之長，補己之短，隨時修正自己的不足。

綜上所述，是要求企業爲強者創造一個成長的環境，拱建一個讓強者施展才能的舞臺，讓他們在銷售的領域是充分表演。同時，要爲強者創造一個寬鬆的環境，讓他們在平等競爭的環境下，使強者更強，使弱者變爲強者。

2.二種不同的激勵角度

每個企業採取激勵的目的不過是鼓舞士氣，讓銷售人員能够付出更多的努力，從而達到更好的銷售成果，達到公司設定的目標。

常常被企業所採用的有效激勵策略一般從兩個方面著手：

滿足業務人員的需求;針對業務人員的生涯發展階段二種角度
去考慮。

⑴**滿足業務人員的需求**

馬斯洛,是從事多年人類心理研究的心理學家,他所提出
的「需求階層」理論是常被眾多企業所引用的。他認爲,人的
需求分爲生理的、安全的、歸屬的、受人尊重和自我實現的五
種階層,當底下階層的需求被滿足以後,便會追求更高一層的
需求。見下圖所示:

圖 6-13 馬斯洛的需求階層理論

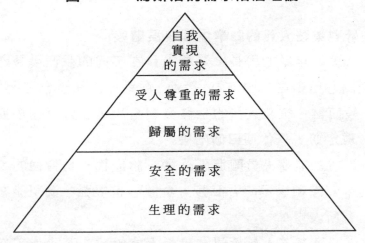

根據馬斯洛的需求理論,把它運用到業務人員的身上,管
理階層可以採取相應的激勵方法,以滿足各種不同類型的業務
人員需求。如表 6-1 所示。

由表可以看出,每一個業務人員需求的狀況都不一樣,因
此,主管人員應該瞭解每個業務人員的個別需求,給予相應的
激勵、溝通和輔導。

表 6-1 不同需求階層激勵方法

需求階層	需求內容	激勵方法
生 理 的	飽暖的、健康和休閑	合理的薪資和福利制度
安 全 的	工作和安全保障	合理的績效要求、醫療和意外保險
歸 屬 的	認同感和團隊精神	定期業務會議、餐聚、業務聯誼、團隊銷售
受人尊重的	地位和尊敬	職務升遷、公開表揚
自我實現的	自我成就和挑戰	充分授權、賦予特殊任務或專案、提供更好的訓練

⑵針對業務人員的職業生涯發展階段

隨著經驗年齡的增長，業務人員在不同的生涯發展階段由於其企圖心理和需求的不同，因而，激勵的方法也會有所差別。

一般而言，業務人員的生涯發展階段可以分爲開拓期、建構期、穩定期、退休期四個階段。

開拓期是業務人員剛進入社會，急於找一份合適的工作，他們的求知慾和學習能力很強，企圖心也很強，渴望能在工作上馬上有所表現。

建構期是業務人員希望在事業上能夠建立基礎或工作上能夠受到肯定，渴望有更高的收入和職務。

穩定期是業務人員最成熟穩健的時期，他們經驗豐富、掌握許多客戶、業績最好，渴望受到尊重和掌握權力。

退休期是業務人員準備退休，缺乏幹勁，不願再去第一線市場，渴望工作輕鬆，責任也較輕。

根據不同的生涯發展階段，管理階層可以採取不同的激勵方法。見下表：

表 6-2　不同生涯發展階段的激勵方法

生涯發展	人員心態	激勵方法
開拓期	企圖心強、急於表現	教育訓練、及時獎勵
建構期	渴望成功、出人頭地	職務升遷、調薪、獎金
穩定期	成就慾強、注重地位	授予權位、分紅、工作挑戰
退休期	動不如靜、坐享其成	分派特定任務、擔任訓練或諮詢顧問

除了上述的四種生涯發展階段以外，業務人員還面臨到一種危機，即「停滯期」。「停滯期」有點類似「退休期」，但人未到退休年齡，心理上已退休了，對工作產生厭倦感。對於這種類型的業務人員，主管應即刻深入瞭解其倦怠的原因，馬上給予輔導或改正，免得影響到全體業務人員的士氣。

3.競賽獎勵的原則

銷售工作是一項具有挑戰性的工作，充滿艱辛與困難，銷售主管要不定期的不時的給予激勵，，設置競爭獎勵能激發銷售人員的求勝意志，可以提高業務員的士氣。競爭獎勵的目的是，要鼓勵業務人員做出比平時更多的努力，創造出比平時更高的業績。

既然我們明確了競賽的目的和意義之後，就要設置競賽專案及獎勵辦法以達到目的，如果這樣就應首先掌握以下原則。

(1)獎勵設置面要寬，競賽至少要設法使參加者大多數人有獲得獎勵的機會。成功的獎勵辦法是鼓勵大多數人。獎勵面太

窄，會使業績中下水準的業務員失去信心，使他們無動於衷。

(2)業績競賽要和年銷售計劃相配合，要有利於公司整體銷售目標的完成。

(3)建立具體的獎勵頒發標準，獎勵嚴格按實際成果頒發，保持公正。

(4)競賽的內容、規則、辦法力求通順易懂，簡單明瞭。

(5)競賽的目標不宜過高。使大多數人通過努力都能達到。

(6)專人負責宣傳推動，並將競賽進行實況適時公布。

(7)要安排宣布推出競賽的聚會，不時以快訊、海報等形式進行追踪報導，渲染競賽的熱烈氣氛。

(8)精心選擇獎品，獎品最好是大家都有願望得到的東西，但又捨不得花錢自己買。

(9)獎勵的內容有時應把家屬也考慮進去，如獎勵去香港旅行，則應把其家屬也列爲招待物件。

(10)競賽完畢，馬上組織評選，公布成績結果，並立即頒發獎品，召開總結會進行討論。

4.實施競賽獎勵的辦法

大多數企業實施競賽獎勵的辦法，採用的都是兩種步驟，首先是設定競賽目標，然後是給予財務性及非財務性的獎勵。

⑴競賽目標

競賽是利器，可以致勝也可傷人。關鍵要看競賽規則、辦法、獎勵方式與競賽的目的是否一致。如果偏離了方向，競賽就失去了意義，甚至造成相反的效果。下面根據實際經驗，提供一些可行的競賽目標及獎勵方式：

提高銷售業績獎：達到目標、超過上次銷售業績、前五名獲得者、團體銷售名列前茅等都可以利用一定的積分積點予以獎勵。

問題產品銷售獎：對於問題產品的銷售如新產品、庫存滯銷品，業績較好者給以積分或加重點數予以獎勵。

開發新客戶獎：對於開發新客戶的數量及業績量給予積分獎勵。

新人獎：新吸引來的銷售人員中業績高者予以獎勵。

訓練獎：訓練新人業績效果最高者給獎勵。

帳目完好獎：壞帳最低者、即期結帳比例最高或總額最高者給獎。

淡季特別獎：在淡季、節假日可以舉行特別定期定時競賽，優勝者給獎。

市場情報獎：協助公司收集市場情報最多、最準確、最快速者給獎。

降低退貨獎：退貨量最低者或佔銷售總額比例最低者給獎。

最佳服務獎：根據客戶反應及公司考察，服務態度最好、服務質量最高者給獎。

以上列舉了幾種常用的競賽目標，事實上，競賽目標可能有四、五十種，各銷售主管應根據實際情況，運籌帷幄，巧妙運用，達到預期目的。

不同目標、不同物件參與的多層次競賽方式，得獎的層次不同，物件不同，所以競賽的標準和計算方式也不同，但獎品可以相同。

企業利用以上多種競賽目標的安排，可以讓每個不同層次的業務人員相互激勵，層層相互激勵的結果，產生的推動力是比較強大的，可以收到很好的效果。

⑵**實施獎勵**

對於業務人員來說，一般所採用的激勵手法大致可以分爲兩種：財務性的獎賞和非財務性的獎賞。

①**財務性的獎賞**

金錢是最有效的激勵工具，據調查顯示，業務人員最喜歡的是加薪或發放獎金。比較常用的手法有三種：

a．業務報酬制度

合理的薪資待遇和福利制度是一般業務人員所要求的，制度的好壞直接影響了業務人員的士氣。

b．業績獎勵辦法

業績獎勵辦法是提高業務績效最有效的方法。一般的做法是達成業績目標給予業績達成獎金，若越過業績目標，其超過的部份給予一定金額或比率的獎金。

業績獎勵辦法的關鍵是設定業績目標，而業績目標的設定通常是根據銷售預估的數位而來，把它分配到每個業務人員的身上，目標的設定必須要具有挑戰性才能達到激勵的效果。如果容易達到或不可能達到，則顯示目標過高或過低，便會失去激勵的作用。

另外，在業績獎金的發放上也要越快越好，不要拖延，才能達到及時獎勵的目的。一旦業務人員努力創造高的業績，得到高獎金的獎勵，就會產生正面的回饋，發揮激勵的效果。

c.業務競賽

業務競賽通常都是用獎金、獎品或其他獎勵辦法來吸引業務人員的興趣。根據研究顯示，非現金的獎勵辦法往往比現金的獎勵方式有效。但是獎品必須是業務人員很想買却買不起，或旅遊的地點是業務人員夢寐以求的地方，才會有吸引力。

但是，競賽要力求機會均等，讓每個業務人員都能够發揮潛力，而不是只有能力强的人才有機會得獎，比如在提高業績方面，可以提高銷售的比率而非金額的做評估的標準，保持公平。

②非財務性的獎賞

除了財務性的獎賞之外，非財務性的獎賞也同樣重要。員工的報酬未達到基本水準，員工會感到不滿意，但是員工的報酬達到基本水準，給予再多的財務性獎賞，員工仍不滿意，唯有給予非財務性的獎賞才能產生激勵效果。常用的手法有三種：

a.職務升遷

隨著職位的升遷賦予不同的職銜也是一種很好的激勵方式。業務部門的職務可以分為不同的階段，每一階段都代表不同的成就水準。一般可以分為業務助理、業務專員、業務課長、業務經理、業務總監等不同的職等。

b.公開表揚

最簡單也最有效的激勵方式就是公開表揚。儘管某些事情看起來微不足道，但只要主管人員不吝於口頭贊美、公開表揚，就會讓業務人員感到莫大的鼓舞。大多數的員工都希望他們的努力得到肯定，成就獲得贊賞，被主管重視和賞識。許多公司

在年終舉辦盛大的表揚大會,頒獎給業務人員,能够造成極大的激勵效果。

c. 榮譽榜制度

許多公司爲了表彰成就傑出的業務人員,建立榮譽榜制度,讓業務表現最傑出的少數業務人員進入榮譽榜內,授予獎狀、獎牌或勛章,給予最高的禮遇,被業務人員視爲最高榮譽的象徵,是激勵優秀業務人員追求成功極致的最佳手段。

5. 實施激勵的 6 大要素

⑴激勵的目標要明確而實際

既要確立目標,又要符合實際,是設立任何激勵計劃時都要注意的。比如:舉辦業務競賽,要瞭解目標是增加現有顧客的銷售多少比率?或開發多少新客戶?或增加現有產品的銷售多少比率?或提高新產品的銷售量多少?

同時,目標設定是符合實際,而且可以達成,當然必須業務人員付出努力才可達到,但若高不可攀,便失去了激勵的效果。

⑵達到獎賞的標準要明確告知

讓每個業務人員都要充分瞭解激勵的內容和細節,尤其是要得到獎賞必須做到什麼程度、達到什麼標準更應該明確知告知。

比如:舉辦業務競賽,要讓業務人員瞭解:什麼樣的人有資格參加?競賽的方式是達成個人目標額或彼此相互競爭?業務人員要得獎勵必須做到多少業績?競賽的期間有多長?

⑶獎賞就依績效爲標準，而非主管的好惡

績效表現不好沒有獎勵，績效表現良好的必須給予獎賞。所謂賞懲分明，公平公正，絕對不能按照主管對某個業務人員印象好，就主觀看褒揚某個人，而應該依其實際的表現來獎賞。同時節，績效要求越高，唯有達到卓越水準的業務人員才能得到獎賞，如果從都沒有獎賞，便失去了激勵的意義。

⑷好的激勵應包括物質和精神上的獎賞

物質和精神的獎賞兼備，可以達到激勵的最大效果。沒有金錢、獎品或旅遊活動等物質獎賞的誘惑，固然引不起業務人員參與的興趣，但業務人員更期望受到公開的表揚和口頭的褒獎，在心理上受到重視，在精神上得到最大的成就感。

⑸不斷翻新激勵手法

不斷翻新激勵手法，使激勵更具有吸引力。由於業務人員個性普遍都好性，喜歡競爭和具有挑戰性的活動，因此業務競賽是很好的激勵方法。像一些既有競賽效果，又能達到觀摩目的的活動，就能達到創意的效果。

⑹營造長期激勵環境

各種激勵手法固然在短期內能取得一定的成果，但時間一長就會反彈。爲了營造一個長期具有激勵的環境，讓業務人員能夠真正的發揮所長是很重要的。大多數企業常採用的方法是：

①提供完整的教育訓練

新應徵的業務人員一進入公司，便提供完善的職前訓練，讓他瞭解公司的政策和所有的作業規範，能夠很快的進入狀況，同時，在作業的過程中，能夠給予適時的指導和訓練，使

其能力不斷的提升。

②持續不斷的激勵

獎罰分明，公平公正。業務人員表現好，應給予及時的獎勵，獎勵必須與績效同步，不但可以用書面的嘉獎，也可以用口頭的讚許，讓業務人員的良好行爲能够形成習慣，保持迴圈。

③把「企業使命感」貼在墙上

讓每個業務人員都瞭解企業的使命，每天一進辦公室就能看到，可以加強業務人員的信念和對公司的認同感，以公司爲榮，樹立主人翁意識。

六、達成目標

要使企業的業務銷售計劃更好的達到目標，進行銷售預估是必要的，如果預估做得不好，整個公司的營運都會受到影響。所以制定正確的銷售預估是保證企業達成目標的重要手段。

1.銷售預估

銷售預估對公司來說非常重要，這影響到公司許多層面。

比如：就生產部門來說，它需要根據銷售預估來訂生產計劃，才能滿足客戶的訂單，同時還必須採購許多原物料，或增添新機器、新設備、增雇新的人力。

就財務部門來說，它需要根據銷售預估來訂定財務計劃，預估現金流量，籌措必要的資金。就業務部門來說，它需要根據銷售預估來制定業務預算，業務計劃和業務績效獎勵辦法。

因此，銷售預估如果做得不好，整個公司的營運都會受到

影響。預估的銷售數位就是業務部門的業績目標，業績做得不好，會影響個人的獎賞和升遷。

⑴銷售預估的步驟

銷售預估的進行，可以根據幾個步驟進行：

①確定預估的條件

在進行銷售預估前要確定以下幾個條件：

a.預估期間的長短：一年、半年或三個月。

b.預估的目的：公司營運目標、新商品上市、生產需要或財務需要。

c.歷史資料：有那些可用時間有多長？

d.預估的精確度：是一個整體數位，還是根據月份別、業務員別、品牌別或商品別、區域別、客戶別等詳細列出，是否包括銷售數量和金額。

以上這幾個條件一一列清後，綜合分析，才能對症下藥。

②先做初步的預估

一般常用的方法是以過去的銷售數位為基礎，對未來做一概略性的預估，抓出未來的銷售數位。

③根據內部改變做預估

未來期間公司和過去最大的改變是什麼？可能會採取什麼樣的政策或行動？比如推出新商品、調整價格、整頓通路、新的廣告或促銷活動、增加業務人員或加強業務訓練等，根據這些訊息來評估銷售數位是否要修正。

④根據外部改變做預估

未來期間外部市場的需求變動有多大？市場有無改變遊戲

規則？競爭者可能採取什麼行動？對公司會造成多大威脅？公司將如何因應？根據這些訊息來評估銷售數位是否修正。

⑤重新修正原先的預估

根據公司內部和外部市場的改變，評估對公司未來銷售可能產生的影響，重新修正原先設定的初步預估資料。

⑥和總公司設定的目標相比較

預估的銷售數位能否讓總公司獲利？預估出來的銷售金額或數位是否符合總公司設定的目標？如果預估和總公司設定的目標有差距，便需要和總公司一起檢討並決定究竟是總公司降低預期的銷售數位，還是業務部門提高了預估，最後的決定便是銷售預估的確定。

⑦調整和追踪

銷售預估並不是固定不變的，預估時所假設的狀況常常會改變，因此，當總公司的內外情勢改變時，預估也要隨之調整。最好有一套系統的機制，不斷追踪，作爲總公司作正確決策的依據。

圖 6-14　銷售預估進行的步驟

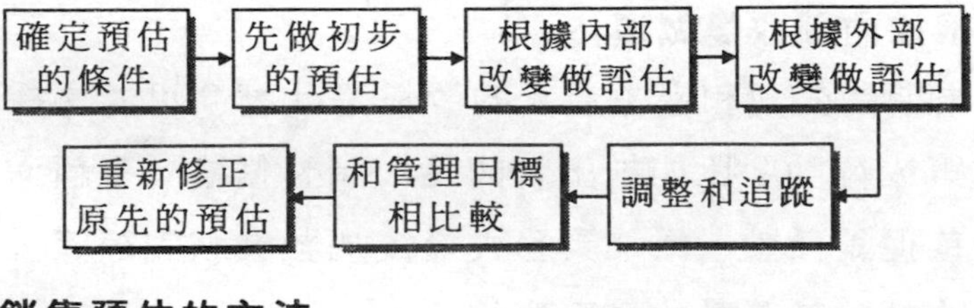

確定預估的條件 → 先做初步的預估 → 根據內部改變做評估 → 根據外部改變做評估

重新修正原先的預估 ← 和管理目標相比較 ← 調整和追踪 ←

⑵銷售預估的方法

①調查法

業務人員的評估：這種銷售預估方法是全體業務人員的評

估數位而成。業務人員根據直覺或經驗，或參考過去的銷售資料或就其各自分配的區域或路線，根據客戶和商品別的不同提出未來銷售預估數位，設定為未來的業績目標。這種方法較簡單，被大多數的企業所採用。優點是業務人員處於市場第一線，最瞭解市場和顧客的動態，比較符合實際狀況，對比較有信心與認同；缺點是業務人員通常只顧眼前的狀況，很少關心未來的發展和變化，所做的市場預估考慮層面缺少完整性。

高階主管的意見：這種銷售預估方法是集合總公司各部門主管的意見來提出未來的銷售數位，共同討論決定預估。這種方法可以集中反映公司的經營全貌，對未來公司的發展可以作出客觀的評估。但這種方法又有點籠統，沒有按照市場細分化的需求量身訂做，執行較困難，只是一個大的概略數位，往往與第一線的業務人員意見不統一，受到抵制，這種辦法較主觀而不科學。

顧客的看法：這種銷售預估方法是徵詢顧客對公司產品的購買意願，通常可以採取信函、電話或人員訪問的方式，然後根據顧客的看法加以整理，來預估未來的銷售數位。但要注意的是顧客不知道他們將來會購買什麼，而且想購買和實際購買中間還有一段距離，往往採購的計劃還會受到許多因素的影響而發生變化。但總體來說，這種方法比較簡單容易且比較精確。

②**統計法**

趨勢分析法：這種銷售預估方法是以現有的銷售數位為基礎，參考過去銷售增減的金額或比率，來推估未來的銷售數位。

比如：甲公司 2000 年的實際銷售額為 5000 萬元，2001 年

實際銷售額是 6000 萬元，增長的比率爲 20%。以後年份的增加比率以此類推。通常，如果銷售額增加，以增加比率來推估的未來銷售數位會比以增加金額來推估的未來銷售數位爲高。這種方法簡單而且快速，如果企業所處的產業相當成熟穩定，這種方法非常可靠。見下圖：

圖 6-15　趨勢分析法

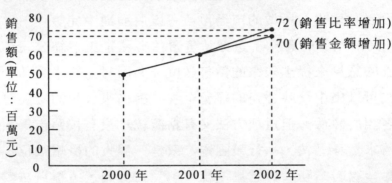

移動平均法：這種方法是利用過去數個期間的銷售額平均數作爲下個期間的銷售預估數位。使用的期間數目越多，某個期間的銷售額影響力就越小，預估數位也就越準確，此法可以消除季節性變化和不同規則銷售狀況的出現。

比如：某公司 1999 年的實際銷售額是 4500 萬元。2000 年的實際銷售額是 5700 萬元，以二年移動平均法來計算，則 200 年的預估銷售額是 5100 萬元，其計算方式如下：

$$(4500 + 5700) \div 2 = 5100$$

若 2001 年實際的銷售額是 6300 萬元，則 2002 年的預估銷售額是 6000 萬元，其計算方式如下：

$$(5700 + 6300) \div 2 = 6000$$

圖 6-16　二年移動平均數銷售預估法

	1999 年	2000 年	2001 年	2002 年
實際銷售額	4500	5700	6300	
二年移動平均數		5100	6000	

　　從上圖可以清楚的看出，採用移動平均法的預估數位移動的情形。這種方法對於銷售穩定的公司，評估極為精確。

　　指數加權法：這種銷售預估方法系根據過去期間的銷售數位給予不同的加權指數來推估未來期間的銷售數位。其計算方式如下：

$$F_{t+1} = \alpha S_t + (1-\alpha)F_t$$

→ F_{t+1}：未來一期 $(t+1)$ 的預估銷售額

→ α：加權指數

→ S_t：本期 (t) 的實際銷售額

→ F_t：本期 (t) 的預估銷售額

　　由於移動平均法只取過去幾個期間銷售的平均數，並未考慮過去銷售數位對未來銷售的衝擊有多大，因此運用加權方法可以調整這項偏差。

　　如果加權指數由 0～1，若設定的加權指數越低，代表前期的銷售數位比本期的銷否數位對未來的銷售影響較大；若設定的加權指數越高，則代表本期的銷售數位比前期的銷售數位對未來的銷售影響較大。

　　比如，某公司 1998 年的實際銷售額是 4000 萬元，1999 年

的實際銷售額是 5000 萬元，若加權指數爲 0.1、0.4、0.7 三種
不同的狀況下，求 2000 年的預估銷售額。

若加權指數爲 0.1，則 2000 年的預估銷售額是 6100 萬元，
其計算方式如下：

$$0.1 \times 5000 + (1 - 0.1) \times 4000 = 4100$$

若加權指數爲 0.4，則 2000 年的預估銷售額是 4400 萬
元，其計算方式如下：

$$0.4 \times 5000 + (1 - 0.4) \times 4000 = 4400$$

若加權指數爲 0.7，則 2000 年的銷售預估是 4700 萬元，
其計算方式如下：

$$0.7 \times 5000 + (1 - 0.7) \times 4000 = 4700$$

圖 6-17　運用加權指數求預估銷售額

		1998 年	1999 年	2000 年
實際銷售額		4000	5000	
預估銷售額				
加權指數	$\alpha = 0.1$		4000	4100
	$\alpha = 0.4$		4000	4400
	$\alpha = 0.7$		4000	4700

從上圖可以清楚看出，採用指數加權法，不同的指數對預
估銷售的影響。

這種方法可以讓預估者決定那一期的銷售對未來的影響較
大，比較靈活而且有彈性，但運用此方法時不能太武斷，特別
適用於短期而且市場相當穩定的狀況。

3.銷售預估的要素

⑴容易瞭解、容易使用

銷售預估力求簡易，讓所有的人員包括管理者都能夠瞭解，可使用性強。

⑵越正確越好

儘管銷售預估的方法有多種，並非每一種都適合你的需要，只要該種方法所預估的銷售數位與實際銷售數位越接近，便是越好的方法。

⑶掌握時效

許多公司常常發生旺季來臨時嚴重缺貨，等到補貨到時，已失去時效。所以，採用銷售預估不論是長期還是短期，在時效的掌握上都很重要，而且預估要抓住銷售變化的重要時點，才能預做防備。

⑷瞭解銷售預估方法的限制

不管是使用者或是管理者都必須認清，銷售預估方法是有其限制性。如果是推出新商品，新進入市場，開發新通路，採取新的促銷活動等，由於缺乏相關的資料作爲參考，預估的準確性會降低。

⑸要定期調整

預估的數位是死的，而市場是變動的，因此，要定期的檢討和調整預估銷售數位是否正確，以作適度的修正與調整。

4.配額

所謂「配額」，就是將業務部門的銷貨收入目標值，由上而下分配給各組織末梢，以確保目標的如期實現。

　　如果讓「配額」有序的實施，業務部門應先做「目標銷售額計劃表」，此表內具體訂立分配內容的計劃。它的工作專案是先決定「銷售目標額」，其次是分配該目標銷售額，最後是執行並且檢討工作績效。

圖 6-18

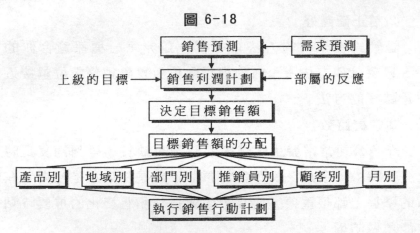

⑴決定目標銷售配額的方法

　　決定這種方法，最常用的有三種：

　　分配法：自經營最高階層起，往下一層層分配銷售計劃值。

　　上行法：由第一線的業務員估計銷售計劃值，然後再一層層往上呈報。如圖 6-19 所示。

　　綜合法：此法具有綜合性強，它是先根據企業最高階層者所提供的基本方案，然後再編制到「課」為止的「計劃草案」，課內各業務員以此計劃草案為指標，依照產品別、月別編訂「計劃銷售額」，呈報至「課」單位以作為擬定計劃之參考，「課長」再調節「計劃草案」與「計劃銷售額」間之差異，擬定未來目標的配額。

圖 6-19

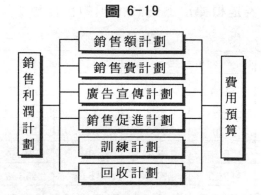

⑵分配目標銷售額

銷售額分配之初，需設定銷售分配基準，一般常用的有：

銷售員別	顧客別	銷售方法別
產品別	部門別	銷售條件別
地域別	銷售途徑別	月別

由於產品別、地域別、業務員別及月別分配，是銷售分配的中心主體，故一般的銷售分配程序是：先以產品別分配爲中心，然後再依地域別、部門別、業務員別將每年目標值分配之。

銷售分配的方式是從高階層各相應部門逐步把目標值分配到業務員身上。

①產品別分配

一般來說，產品別的分配，乃是決定何種產品應達成多少銷貨收入的目標值。其分配基準系根據下列方式：

根據市場佔有率	根據市場擴大率
根據成長率	根據毛利貢獻率
根據銷貨百分比	根據銷貨預測

例如，下表是根據以上方式得出的目標值：

表 6-3

數量\產品	2001 年		2002 年預計		成長率
	數量	金額	數量	金額	
甲產品系列	750	225	888	226.4	18%
乙產品系列	420	126	525	157.4	25%
丙產品系列	90	27	99	29.7	10%
合　計	1260	378	1512	453.7	20%
說　明	經濟成長率預估 8%，顧及市場深耕策略，本公司推出新產品，整體產品線完美化，並且輔以強大促銷廣告與獎勵辦法，故成長率挑戰目標定爲 20%				

②地域別分類

這種分配法，是將市場劃分若干區域，然後按各個地域建立責任體系，以進行銷售的方法，其分配基準系根據以下方式：

根據市場佔有率	根據市場指數
根據市場銷售百分比	根據個別估計

例如，下表是根據以上地域別方式相應制定銷售目標計劃：

表 6-4

目標值\產品別	內　銷			外　銷	小　計
	基　隆	臺　北	高　雄		
產品甲	450	225	250	326	1251
產品乙	150	135	45	225	555
產品丙	55	45	30	135	265
合　計	655	405	325	686	2071

③月別分配

所謂「月別分配」是將業務員的各產品年銷售目標值，按季節變動分析，求出各月份所佔的比率。見下表：

表 6-5

產品 月份	甲產品	乙產品	丙產品	合計	
1 日	18	18	12	48	
2 日	14	10	10	34	
3 日	11	13	9	33	
4 日	13	14	8	35	
5 日	14	10	11	35	說明：暑假前後為銷
6 日	10	10	10	30	售淡季，農曆年過年
7 日	12	9	10	31	前後則呈明顯業績
8 日	10	17	13	40	上升的旺季迹象。
9 日	13	12	11	36	
10 日	14	11	10	35	
11 日	15	15	9	39	
12 日	27	22	14	63	
合計	171	161	127	459	

④部門別、推銷員別之分配

當某小組負責該地域時，則地域別的目標銷售額即為該部門分配額，由某若干業務員合力達成此小組目標。根據下列方式，加以分配各業務員的目標銷售額：

根據顧客需求量	根據過去實績
根據負責的市場	根據業務員能力

業務員根據以上方式已經瞭解「何產品」在「期間內」，應在「何地區」銷售「多少數量」，若業務員是透過經銷商鋪貨而代銷，仍必須再繼續分配目標值，求證出「何經銷店」應在「何一期間內」進貨「何種產品」達到「多少數量」。

表 6-6

產品 \ 地區		臺北		臺南		合 計
		柳 兵	王大華	張小青	李菊英	
產品甲	配額	80	40	20	200	216
	挑戰	85	45	23		
產品乙	配額	17	25	15	70	84
	挑戰	20	30	19		
產品丙	配額	7	3	3	20	28
	挑戰	10	5	4		

業務員對各產品的挑戰目標　　　　　　單位：銷貨 1 組

5.付諸行動

銷售分配完成後，業務員或小組銷售負責人即可明確掌握月別、地域別的各產品銷貨收入預算，以確立月銷售目標，再針對「經銷店」或「客戶」別的行動計劃，以便達成目標。

⑴客戶分配計劃

部門小組將業務員本身應達成的目標，依照客戶屬性與購買潛力，加以分攤下去，例如：「預計 10 月份王先生購買米粉500 噸，張先生購買 200 噸」、「預計 4 月份某超市進貨 200 萬元，某士多店進貨 15 萬元」等等。

■第六章　行銷總監的工作

為了該分配計劃務實性强,製成圖表,隨時填寫資料,以備考。見下表:

表 6-7

產品　　　業績	10 月		
	阿玲超市	阿貴超市	阿仁超市
	目標額/實績額	目標額/實績額	目標額/實績額
速食麵			
米　粉			
火　腿			
合　計			
當月累計			

⑵ **經銷商分配計劃**

各業務員將各產品月份應達成的銷售額,依責任區內的各經銷商性質、過去實績、市場特性,加以分配其目標銷售額,未來更可依目標額與實際額加以比較,以檢討調整績效。

⑶ **經銷店訪問計劃**

按經銷店目標銷售額分計劃擬出「訪問日程計劃」,並將經銷店按 ABC 重點管理原則:

年計劃──月計劃──週計劃──每日訪問計劃

依據「過去實績」及「市場特性」來決定每月的可能訪問次數,訪問戶數,以及每個客戶的訪問頻率。

例如將客戶按重點管理原則,區分為老客戶與潛在客戶:

-175-

①拜訪老客戶

```
每月訪問次數 200 次
                家數      頻率      訪問次數
A 級客戶⋯⋯  8     ×    4     =    32
B 級客戶⋯⋯ 15    ×    2     =    30
C 級客戶⋯⋯ 32    ×   1.2    =    38
                55    ×   1.8    =   100
```

②開拓潛在客戶

每月拜訪 30 家。

每月成功開拓 5 家。

見訪問計劃表：

表 6-8　訪問計劃表

客戶名稱 ＼ 日		1	2	3	4	5	6	7	8	9	10	訪問結果
中華企業	預定		○							◎		
	實際		○				△					
第一企業	預定				○							
	實際				×					△		
建國企業	預定								○			
	實際								○			

　註：符號○＝拜訪　◎再度拜訪　×抗議　△其他

⑷跟催計劃

　　在預計的目標與實績對比後，按日、週、月爲單位來進行檢討目標銷售計劃的進度，再比較實績與目標，並依產品別、

部門別、地域別、客戶別等進行銷售控制，分析差異所在，將檢討成果回饋到下個銷售計劃中，以得知「今後應如何達成目標」等意識，確保目標的效率性。

七、銷售計劃

企業的目標是利潤最大化，如何能在競爭激烈、瞬息萬變的市場中站住腳並且實現預定的銷售目標、實現一定的盈利，計劃的制定是不可缺少的。

1. 制定銷售計劃的重要性

隨著生產力的發展，世界和平的穩定，買方市場的總體特徵已越來越明顯，企業在經營過程中發生了「以生產為中心」到「以消費者為中心」的觀念轉變。故而，銷售已不是傳統意義上僅限於推銷術、分銷等方面的範疇，它已經上升到更高的層次，需要市場行銷的一系列運作，打開市場，擴大產品的銷售量，為企業盈利，發展創造機會。所以，銷售計劃的制定的本身應該從戰略高度上升到企業行銷計劃的制定，由於計劃是管理的首要職能，市場行銷作為企業經營與管理高度融合的一系列活動過程，同樣有運用計劃對於行銷活動的目標、控制手段和具體措施的相互分配行銷資源的需要，計劃是為未來作準備，它涉及到一個人或一個組織未來要達到的目標和如何達到這些目標。亦即，計劃包括目標和實現目標的手段兩方面內容。計劃必須從企業總體經營的戰略高度來編制。企業的行銷戰略明確了企業的任務和目標，目標的實現有賴於一系列計劃的制

定和實施，市場行銷計劃是企業在一定時期內從事行銷活動預
期達到的目標以及達到目標的方法、步驟和措施。市場行銷計
劃是企業總體計劃的一個組成部份，它在企業各項計劃的制定
和執行過程中起著十分重要的作用。

　　2.**影響企業利潤的因素**

　　企業必須具備很強的應變能力，才能維持生存並獲得成
功。所以，企業與環境的關係，會造成影響企業利潤能量和實
際利潤的各種因素。任何一個企業的利潤潛量取決於下述外部
條件：

　　⑴進入企業所在行業的障礙大小，涉及投資規模、原材料
的短缺程度、專利權的保護狀況等。

　　⑵競爭者的規模和競爭實力、同類產品的生產和經營狀況。

　　⑶該產品的替代性大小、在市場上是否存在著替代性的產
品和服務。

　　⑷企業產品的供求狀況，顧客的議價能力。

　　⑸企業的資源供應者提高原料成本，減少本企業利潤的議
價能力。

　　以上這些因素共同決定著企業贏利多少和可能性大小。如
果這些因素都對某個企業有利時，影響企業的實際利潤的主要
因素有：

　　⑴市場規模大小和市場增長率高低。

　　⑵企業的規模和企業選定的定位策略。

　　⑶企業的管理能力。

3.影響企業的環境變化

　　企業所處的環境因素複雜多變，發生的各種事件既可能對企業有利，也可能是不利的。例如：製造產品或銷售產品及提供服務的所有公司，都可能面臨要求賠償損失及隨之而來的損害公司公眾形象的危機；某個國外競爭者突然入侵自己的市場、原材料價格暴漲或政府的有關規定發生變化，這些可能是有害的；由於某些法規發生變化、競爭對手的破產，或取得新的供貨來源，或結清了原來不能收回的一筆帳款，從而可能得到一大筆額外的收入。可見，在一直變化著的環境中，企業經營績效如何還取決於企業組織是否充分意識到新的獲取潛在收益的可能性，適應變化，妥善管理，及時有效適度地根據環境變化的程度、速度和複雜性來調整企業的框架。

　　企業的組織適應性在此刻也很重要。適應能力強的組織總是能够通過預先制定的計劃來控制度化，以保證使現行戰略適應環境的演變。

　　為保持企業組織對環境的適應性，企業必須努力識別環境中可能造成重大威脅和環境機會兩大類加以分析。

　　首先，根據嚴重性和出現的概率對可能導致企業市場地位被侵蝕的環境威脅的分布情況做出描述，列出威脅矩陣圖。

圖 6-20

嚴重程度	高	低
大	1	2
小	3	4

威脅矩陣圖

　　針對上列威脅矩陣圖出現可能性大、將嚴重危害企業利益的威脅，制定應變計劃，確定在出現預料到的情況時，企業將做出那些改變與調整。其次根據吸引力的大小和成功的概率，將本企業擁有的競爭優勢，對企業行銷行爲富有吸引力的領域可能帶來的行銷機會做出描述，列出機會矩陣圖。見下圖所示：

圖 6-21

		高	低
吸引力	大	1	2
	小	3	4

機會矩陣圖

　　然後優先考慮那些最佳機會，準備若干計劃抓住這些機會。再次，在將企業面臨的威脅和機會集中圖解出來以後，就可對整個環境態勢作出估價。最後，根據可預測性和可控程度大小列出重要事件及其管理方法矩陣圖。見下圖所示：

圖 6-22

	可預測的	不可預感的	
可控制的	1.執行計劃	2.當事件發生時，實施快速應對措施予以解決	重要事件
不可控制的	3.強化預測並據此把握方向	4.設計制定應變計劃體系	和管理方法

　　企業組織根據上列不同的情況在管理上做出相應的反應，準備適當的應變計劃措施。其中危害性最大的是那些既無法預測而又不能控制的事件。好的決策制定一般意味著盡可能長時

間地保持備選方案的開放狀態。任何一種形式的應變計劃的制定應當具備三個最突出的要點：

(1)避免完全意外事件的衝擊。

(2)至少預先考慮過對那類事件可能採取的粗略的應對措施。

(3)把一套明確的應變體系放到適當的地位上。

4.行銷戰略計劃過程

行銷戰略計劃過程，是指通過制定企業的任務、目標、業務(或產品)組合計劃和新業務計劃，在企業的目標、資源和迅速變化的經營環境之間建立與保持一種切實可行的戰略適應性過程，從而為企業的銷售計劃、管理與控制創造一個良好的內、外部環境。企業的戰略計劃、執行和控制過程以及戰略計劃本身包括的步驟如下圖所示：

圖 6-23　戰略計劃過程圖

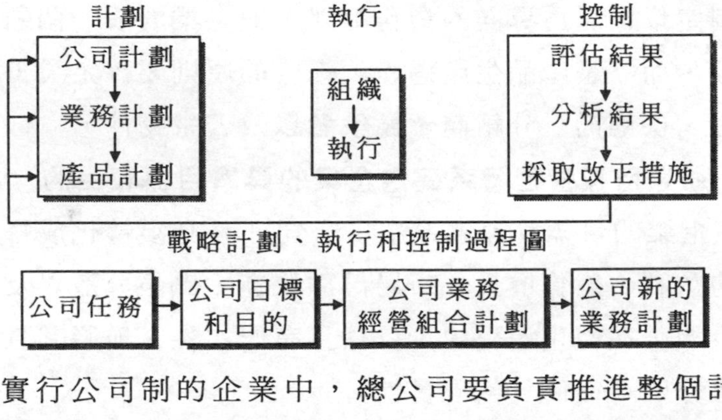

戰略計劃、執行和控制過程圖

在實行公司制的企業中，總公司要負責推進整個計劃過程，通過擬定任務、政策和戰略方針，確定各個業務單位(包括銷售部門)的業務計劃框架，對於重要的下屬單位可下放一些自

主權，總公司只負責監督執行。此外，還有兩種較爲特殊的形式，以銷售部門爲例：一是總公司只爲銷售部門制定挑戰性的目標，具體計劃、對策則由銷售部門自行制定；二是總公司不僅僅爲銷售部門（包括各子公司）制定目標，還指導其制定策略規劃。但任何企業都必須執行以下四項計劃措施。

(1)明確公司的任務

確定企業的任務需考慮五個關鍵性要素：

①該企業的歷史

②企業所有者和管理當局當前的意圖

③環境因素（包括威脅與機會等）。

④企業的資源狀況

⑤企業的特色和競爭優勢

在此基礎上，企業應該首先明確企業經營的業務範圍，確定服務物件，想要滿足的顧客需要以及用以滿足這些需要的技術，制定以市場爲導向的業務範圍，把企業看成一個顧客滿足的過程，而不是產品生產過程，經營的原則要確定員工如何對待顧客、供應商、分銷商、競爭者以及公眾物件。

(2)通過目標管理體系確定企業的具體目標和目的

在企業的目標管理體系中，公司任務必須轉化成每個管理層次的盈利、銷售增長、市場份額改進，風險分散以及創新等具體目標，在轉化過程中，目標具有層次性，並將其量化，實現主次分明，從而具備現實性。

(3)制定公司的行銷經營組合計劃

首先，企業必須認真弄清各經營業務的現狀，確定戰略業

務單位；其次，要對每個戰略業務經營單位的戰略性盈利潛力
進行評估，從而確定業務組合狀況，明確調整方向；再次，企
業要爲每個戰略業務單位確定目標，決定給予什麼樣的支援，
決定最終選擇繼續發展、維持現狀還是獲取收益或者乾脆放
弃。有針對性地實施計劃控制。

⑷制定企業的新業務計劃

爲彌補企業制定的銷售水準目標和預計銷售水準之間的缺
口，企業需制定獲得新增業務的計劃。其主要途徑：一是在企
業現有業務領域裏尋找未來發展機會，即密集型發展機會；二
是建立或尋求與企業目前業務有關的業務，即一體化發展機
會；三是增加與企業目前的業務無關的富有吸引力的業務，即
多元化發展機會。其中：

密集型發展是考慮改進現有業務成效的各種機會，具體包
括市場滲透（在現有的市場上增加現有產品的市場份額）、市場
開放（尋找新市場，用企業現有產品滿足新市場的需要）、產品
開發三個戰略。

一體化發展是在企業原來的行銷體系中設法擴大業務規模
和領域，一體化戰略是收購一個或多個競爭者。

多元化發展戰略是在目前業務範圍以外的領域發現了好機
會的情況下採用的。該戰略有三種類型：集中式多元化戰略是
開發與本企業現有產品線的技術或行銷有協同關係的新產品，
使這些產品吸引一些新顧客；水平或多元化戰略是研究雖然在
技術上與現有產品關係不大，但能滿足現有顧客需要的新產
品；跨行業多元化戰略則是開發某種與公司現有技術、產品或

市場毫無關職的新業務領域。

5.制定行銷戰略與企業策略規劃

行銷戰略是一個企業單位用以達到它的行銷目標的基本方法，是在預期的環境和競爭條件下的關於目標市場、行銷定位、行銷組合、行銷費用水準和行銷分配的主要決策構成的。其中，行銷組合是企業用於追求目標市場預期銷售水準，滿足目標顧客群的需要而加以組合的可控制的行銷變數間的匹配。行銷組合要素爲：產品、價格、配銷地點、促銷。見下圖所示：

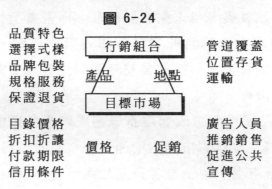

圖 6-24

從上圖可以看出，行銷組合有很多種可供選擇，但是在短期內，企業通常只能對其中少數幾個變數進行調整，如修訂價格、擴大推銷力量和廣告支出；在長時間裏，則可開發新產品和改變渠道銷售。

行銷計劃不僅僅包括達到企業行銷目標的一般戰略，還應該包括適當協調包含在行銷組合中的各個變數的策略戰術，從而有效的實施行銷計劃，控制企業業務發展，實現企業最終銷售、利潤計劃。

市場行銷決策具有區別於企業經營中其他管理領域的決策

的特徵，主要體現在以下幾個方面：

(1)一定的行銷決策會給市場帶來多層次因果連鎖反應。一方的策略選擇會帶來另一方或其他多方向中策略的變化，甚至在某些因素變化之下，整個數理結構都會發生根本性的改變。

(2)要想獲得市場行銷的效果，在進行行銷決策時必須經常地重視多種變數的存在。

(3)市場行銷決策中變數之間存在著複雜的關係，即非線性、統計性、競爭性、非明確的、自動化的關係，故而難以掌握。

(4)市場行銷管理中的決策明顯是建立在不確定性基礎上的決策，即為一種不確定性條件下的風險決策。

(5)市場行銷管理中的決策者無法回避決策者的有限理性。

由於存在上述種種困難，在解決市場行銷決策問題時，往往避免從正面解決，而是利用有限理性的決策模型，把這些複雜的決策條件先簡化之後，再動手解決。

6. 銷售計劃的內容和體系

所謂銷售計劃，就是「根據銷售預測，設定銷貨目標額，進而為能具體地實現該目標而實施銷售任務的分配作業，隨後編定銷售預算，來支援未來一定時間內的銷售定額的達成。」

好的銷售計劃可以使企業的目標有條不紊的順利實現，因此，銷售計劃要從企業的整個戰略全局來考慮，它不僅涉及到靜態的銷售活動，而且還涉及整個動態的市場行銷過程，需要考慮市場、消費者、企業各個組織、實體所能進行的一切活動，從而編制計劃，安排企業的各項業務活動，使企業在激烈的市

場競爭的大潮中堅定平穩的前行。

概括來說，銷售計劃的內容，具有下列四項：

(1)決定銷售貨收入的目標額。

(2)分配銷售。

(3)銷售實施預算。

(4)編定實施計劃。

通俗具體地說，銷售計劃的大致內容也可表述爲：

(1)要把什麼（商品計劃）

(2)賣到何處（銷售路徑或是顧客計劃）

(3)以什麼價格（售價計劃）

(4)由誰（組織的計劃）

(5)賣出去的計劃（銷售額計劃）

但是，有一點需要強調，希望你記住：銷售計劃的中心課題就是應該賣出多少。銷售計劃的內容見下圖所示：

圖 6-25

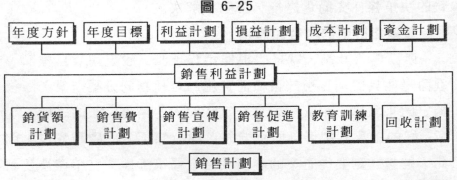

制定銷售目標時，首先分析市場或預測市場需求，以掌握整個世界的動態；然後再根據整個世界的預測值，作出自己的銷售預測。其次，根據銷售預測、經營者，各部門主管，以及

第一線負責人所提供的銷售額進行判斷，然後再決定下年的銷貨收入目標額。同時，爲保證能實際付諸行動，必須分配銷售額。銷售分配的中心在於「產品制」的分配，以此爲軸心而逐步決定「地域制」與「部門制」的分配額；最後，進一步分配每一位銷售員的銷售額。在如此的細分銷貨收入目標額後，再按月份分配，擬定每月份的目標額。然後，再依此銷售目標細緻的擬訂實施計劃，並成立相應的銷售組織和作出合適的人事安排。最後，再參考「銷貨收入目標額、銷售分配、銷售費用估計額」，編訂銷售預算。具體的銷售計劃體系如下圖所見：

圖 6-26　銷售體系計劃圖

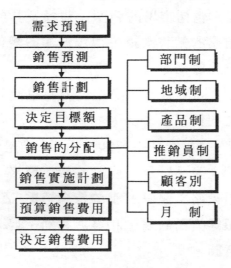

銷售計劃依期間的不同，可概括分爲「長期計劃」和「短期計劃」，一般說，3～5 年期的計劃爲長期計劃；一年以下者爲「短期計劃」。

銷售計劃從長期來看，即爲市場行銷計劃。這是關係到企

業長久發展制定的計劃，它的制訂、實施、控制以及對其他戰略部門的指導都將從長期來完善企業的經營，使之處於不敗之地。市場行銷計劃的內容可見下圖所示：

圖 6-27

現在，對銷售計劃作一個全方位的概述：

⑴當前行銷狀況

主要是對過去幾年企業的行銷工作作一個簡單的回顧和分析，包括以下內容：

①市場狀況。包括市場的範圍、規模及其成長性分析；企業在各細分化市場的銷售業績，市場份額的變化；用戶需求及其購買行為的變化趨勢等。

②產品狀況。列出企業產品組合特點以及各主要產品的銷售額、價格和盈利情況。

③競爭狀況。分析誰是主要競爭對手，誰是潛在競爭對手，並逐項描述他們在產品質量、產品性能、價格、銷售渠道、廣告等方面的行銷策略；競爭對手的技術特點、生產規模、市場分布、市場份額等方面的變化和發展趨勢；進而分析他們的行為特點和競爭意圖。

④分銷狀況。描述各分銷渠道的銷售業績、分析比較分銷商和經銷商銷售能力的變化情況，瞭解他們的要求，以及激發他們積極性的價格和貿易條件。

⑤宏觀環境狀況。描述宏觀環境的變化趨勢。比如：人口

規模和結構、經濟結構和發展水準、人均收入狀況、政治和法律制度、社會文化環境等。

(2)**機會分析**

機會分析包括機會(威脅)分析、優勢(劣勢)分析和問題分析。

①機會(威脅)分析是指能夠影響企業發展前途的外部因素。

②優勢(劣勢)分析是指企業的內部因素。

③問題分析是指企業根據機會(威脅)分析和優勢(劣勢)分析的結果,確定在計劃中必須注意的主要問題。

機會分析是企業決策部門(業務部門),從紛繁複雜的行銷環境中發現市場機會,並判斷能否成爲企業新的利潤增長點的過程。

機會分析市場細分化後,具體的內容見圖 6-28 所示。

(3)**企業目標**

企業目標是決策部門在分析當前行銷狀況的基礎上,對企業在計劃期內業務發展的方向和水準所作的基本決策。它是行銷計劃的核心內容。企業目標包括財務目標和行銷目標。財務目標包括:投資報酬率、淨利潤、現金流量等;行銷目標是財務目標的轉化形式,它還可以是總銷售收入、市場佔有率、投資收益率、銷售利潤率等。企業管理部門要想實現財務目標,必須要將財務目標轉化爲行銷目標。

(4)**行銷戰略**

行銷戰略是企業用以達到其行銷目標的基本途徑和方法。它包括對目標市場、產品定位、行銷組合、行銷費用水準等作

出的決策。雖然各企業制定行銷戰略各不相同,但是,不管行銷戰略如何變化,它們都是由產品、價格、促銷和渠道四種要素組合而成。其中,產品包括產品的性能、技術水準、質量、規格式樣、包裝等;價格包括目錄價格、折扣、折讓、付款期限、信用條件等;促銷包括廣告、公共宣傳、人員推銷、營業推廣等;渠道包括銷售領域、銷售渠道、運輸工具、存貨地點、銷售地點等。

圖 6-28　根據公司目標和資源條件評估市場機會

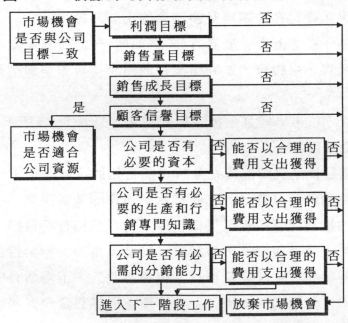

⑸行動方案

所謂「行動方案」,就是把行銷戰略轉化爲具體的行銷活動。它要解決:需要做什麼、何時開始、何時完成、由誰來完成,需要多少成本等問題。

(6) 預算表

預算表是指行銷計劃的支援系統。企業通過編制預算表，列出計劃期間銷售收入、銷售成本和費用，預測計劃期內可能達到的利潤水準，預算表是調節資金流量和流向的重要方法，企業在編制預算表時，運用資金平衡原理，調整行動方案，從而降低行銷費用，保證行銷目標順利實現。預算表還是主管部門對行銷活動進行監督控制的主要依據。

(7) 控制方案

爲了保證行銷活動按計劃進行，企業還必須在行銷計劃中制定切實可行的控制方案。控制方案一般包括：行銷工作的監測制度、報告制度、控制標準、控制工具等。爲了便於控制，行銷目標和預算通常按月或季制定，上級主管部門可以按期審查計劃完成情況，便於採取調控措施，以保證行銷計劃的順利進行。

綜上所述，無論何種類型的銷售計劃，其前提依然是以銷貨收入計劃爲中心的。

7. 制定銷售計劃的步驟

目前，市場行銷計劃工作已經成爲了大多數企業的一項主要活動。在市場實際運行中，行銷計劃又是靠步驟一步步去實施的。一般的銷售計劃程序編制如圖 6-29 所示。

(1) 分析現狀

對當前市場狀況、競爭對手及產品、銷售渠道和促銷工作等，必須進行詳細的分析，然後，市場銷售調研部門開始進行銷售預測。

圖 6-29　銷售計劃程序

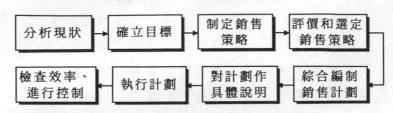

(2)**確立目標**

銷售目標是在行銷目標的基礎上確定的，銷售目標又可以按地區、人員、時間段來分成各個子目標，在設定這些目標時，必須結合企業的銷售策略，銷售策略的制定需考慮以下問題：

①前一計劃期的執行情況。

②產品特性：如有無季節性、區域性、淡旺季有無變化。

③地區特性：該地區收入水準、人員結構、潛力如何。

④人員特徵：是否有足夠人力資源，人員素質如何。

⑤競爭對手狀態：採取什麼策略應付挑戰。

⑥行業動態。

⑦本公司產品計劃、價格政策、銷售渠道政策、廣告及銷售計劃、庫存管理、服務體制等，在此基礎上調整產品分布及確定銷售額，使目標的設立符合下列原則：具有可行性；具有挑戰性；具有激勵性。

如圖 6-30，銷售目標的制訂是否妥貼有效歸根結底取決於公司目標的設定。公司目標必須明確，它應該具備下述條件：

①目標應該能層層分解。公司目標只有能分解成不同層次的分目標，才能達到指導各級員工的行動，從而保證總目標順利實現。例如，如果企業目標是提高投資報酬率，這項指標至

少可以分成兩項分目標：增加銷售收入和降低成本；這兩目標還可以再分解，直到成為每個員工的具體目標。

圖 6-30　企業各層次目標體系與關係

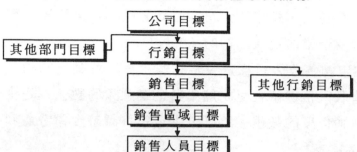

②目標應該用數量（數量化）表示。例如：「增加投資報酬額」，這個目標就不如「提高投資報酬率到 35%明確」，甚至可以更明確地表述爲「截至第二年年底提高投資報酬率到 35%。」

③目標水準應該切實可行（現實性）。企業目標應該是在分析經營現狀和企業資源的基礎上產生的，而不是單純主觀願望的產物。

④企業各項目標之間應該協調一致（協調性），有些目標無法達到的，公司必須根據實際需要決定取捨，否則目標將失去指導意義。

制定公司目標有幾個確定的步驟：第一步，明確企業的任務。簡單地講，就是明確企業是幹什麼的？顧客是誰？對顧客的價值是什麼？我們的業務將是什麼？我們的業務應該是什麼？第二步，明確企業經營的業務範圍，業務範圍應從這三個方面加以確定：所要服務的用戶群；所要滿足的用戶需要；用以滿足這些需要的技術，只有這些才能明確企業的市場定位。

第三步，確定企業目標。在分析企業經營狀況的基礎上，將其任務和經營業務轉化爲具體的目標。

所以，如上所述，具體的銷售目標值的確定往往是在銷售預測的基礎上，結合本公司的行銷戰略、行業特點、競爭對手的狀況及企業的現狀進行的。

確定銷售收入目標是決定整個企業的行動目標的核心；同時銷售收入目標值也可說是代表企業意識的數值，是企業在市場上活動程度的數值。所以，決定銷售額時，需考慮到下列三項因素：

①與市場的關聯；

②與收益性的關聯；

③與社會性的關聯。

其中，與市場的關聯是指企業對服務的顧客層及可服務多少比率而言，企業正是根據這一構想，來確保企業在市場中的地位。與收益性有關聯方面，是指銷售收入的目標值，須能確保企業生存與發展所需的一切利益，也就是企業需從事足以獲得收益的活動。與社會性的關聯是指企業是屬於社會的一個單位，在確保市場與收益性之餘，應考慮社會性，企業要順乎時代潮流，與企業內外各要害關係人的需求相配合，盡其可能的爲社會服務。

企業決定銷售收入目標值時，應根據上一部份介紹的市場銷售預測的幾個因素結合的辦法確定其目標值。下面對這些方法進行細分化。

①根據銷售成長率確定

銷售成長率，是今年銷售實績與去年實績的比率。其計算公式爲：

$$成長率 = 今年銷售實績 \div 去年銷售實績 \times 100\%$$

但若想求更爲精密的成長率，就可以利用上部份所介紹的**趨勢**分析推定下年的成長率，再求出平均增長率，其年均成長率的公式爲：

$$平均成長率 = n\sqrt{\dfrac{今年銷售實績}{去年銷售實績}}$$

其中，N 值的求法是以基年爲 0，然後計算當年等於基年的第 N 年，如果是第 2 年，則 N 爲 2。

但無論採用什麼方式，均需運用下列公式求算銷售收入的目標值：

$$下年度的銷售收入 = 今年銷售實績 \times 成長率$$

②根據市場佔有率確定

市場佔有率，是企業銷售額佔世界總的銷售額（需求量）的比率，其求法如下：

$$市場佔有率 = 本公司銷售收入 \div 世界總銷售收入 \times 100\%$$

從而，下年的銷售收入目標值＝下年世界總銷售收入×市場佔有率目標值

③根據市場擴大率確定

這是根據企業希望其在市場的地位擴大多少來決定銷售收入目標值的方法。計算公式爲：

$$市場擴大率 = 今年市場佔有率 \div 去年市場佔有率 \times 100\%$$

④根據損益平衡點公式確定

銷售收入等於銷售成本時，就達到了損益平衡。損益平衡時相應的銷售收入公式推導如下：

銷售收入＝成本＋利潤

銷售收入＝變動成本＋固定成本（損益爲 0 時）

銷售收入＝變動成本＋固定成本＋利潤

固定成本＝銷售收入－變動成本

故此，變動成本隨銷售收入的增減而變動，故可通過變動成本率，以求算每單位銷售收入的增減率：

變動成本率＝變動成本÷銷售收入

銷售收入(X)－變動成本率(V)×銷售收入(X)＝固定成本(F)，可以利用上述公式導出下列損益平衡點公式：

固定成本(F)＝銷售收入(X)×{1－變動成本率(V)}

$$\text{損益平衡點上的銷售收入(X0)} = \frac{\text{固定成本(F)}}{1-\text{變動成本率(V)}}$$

在損益平衡分析上，成本的區分相當重要，採用的方法有個別法等多種。所謂「個別法」，就是個別檢查各項成本專案，藉以區分變動成本與固定成本的方法。

先以一方 V 定式將成本粗分爲變動成本與固定成本，然後再個別求算其合計數，最後以「銷售收入」去除「變動成本總額」，求出變動成本率。將變動成本率與固定成本代入上述公式中，即可求得銷售收入。此值是以純益目標爲基準。有關純益目標值的求法有很多種，最單純簡易的算式爲：

$$\text{純益}=(\text{盈利分派}+\text{保留盈餘}+\text{獎金賞予})\times \frac{1}{1-\text{稅益}}$$

　　此外，假設其特別損益爲 0，其純率目標值爲稅前純益。當決定純益目標之後，再將該值加入損益平衡點公式中，求法爲：

$$銷售收入目標值(XR) = \frac{固定成本(F) + 純益目標(R)}{1 - 變動成本率(V)}$$

　　如果根據獲利求算銷售收入目標額，先分解獲利率藉以導出銷售收入，其求算公式爲：

獲利率(R) ＝純益÷銷貨收入

　　　　　＝｛銷貨收入(X) － [固定成本(F) + 變動成本(VX)]｝

　　　　　　÷銷貨收入(X)

RX ＝ X － F － VX ＝ X － RX － VX ＝ F

△X ＝ F ÷ ｛1 － V － R｝

即：

銷貨收入的目標值＝固定成本÷(1－變動成本率－獲利率目標率)

　　根據經費計算確定

　　企業的一切銷售成本、營業費用、純益等均有銷售毛利，二者的關係甚爲密切，因而介紹此種足以抵償各種費用的銷售收入法：

銷售毛利率＝銷售毛利÷銷貨收入

　　　　　＝(銷貨收入－銷貨成本)÷銷貨收入

　　　　　＝(營業費用＋營業純益)÷銷貨收入

　　　　　＝1－銷貨成本率

銷售收入目標值＝銷貨毛利÷(1－銷貨成本率)

　　　　　　　＝(營業費用＋營業純益)÷銷貨毛利率

上述的方法，主要以銷貨毛利率目標值爲基準，然後再求算銷售收入。但是，若想使該值更合乎實際，可按照產品及部門的毛利，來求算銷售收入目標值。其計算程序如下：

①決定整個企業所需的毛利。

②決定產品及部門的毛利貢獻度。

③分配產品部門的毛利目標。

④通過產品及部門預定的毛利率求二者的銷貨收入目標值。

⑤總計各產品及部門的銷貨收入目標值，其值是全公司的銷貨收入目標值。

⑥根據消費者購買力確定

所謂根據消費者購買力確定，是指估計企業營業範圍內的消費者購買力。比如，先確定一個營業範圍，並調查該範圍內的人口數、戶數、所得額及消費支出額，另外，再調查該範圍內的商店數及其平均購買力。這樣就可以確定該範圍內的消費者購買力了。

⑦根據各種基數確定

基數的確定，企業常用的有四種：

a.根據每人平均銷售收入的求法

這是以銷售效率或經營效率爲基數求銷貨收入目標值的方法，其公式爲：

$$銷售收入目標值＝每人平均銷售收入×人數$$

b.根據每人毛利的求法

這是以每人平均毛利額爲基數，求算銷貨收入的方法，其

公式爲：

銷貨收入目標值＝每人平均毛利×人數÷毛利率

c.根據勞動生產力的求法

這是勞動生產力的指標，它的指標演算法如下：

勞動生產力＝附加價值÷人數

這裏的附加價值，是構成附加價值的決定要素，然後合計這些構成要素之後，便是附加價值額。

附加價值＝人事費＋折舊費＋租金＋金融費用＋純益＋稅金

然後根據下列公式即可算出銷貨收入目標值：

附加價值率＝附加價值÷銷售收入×100%

每人平均附加價值＝勞動生產力

銷售收入目標值＝每人平均附加價值×人數÷附加價值率

d.根據人均人事費的求法

銷售收入目標值＝（每人平均人事費×人數）÷人事費率

⑧根據銷售人員申報確定

這種方法是逐級累積第一線銷售負責人的申報，借以求算企業銷售收入目標值。採用這種方法要注意的是申報數位要精確。

⑨推測銷售收入其他辦法

除根據上述各種方法求算外，也可考慮其他各種因素：推出新產品、動態市場效應、施行新政策等，然後再依據上述方法進行推測。

綜上所述，對於銷售收入的評價不宜以大小多寡來評價，而需以「達成的方法與手段是否適宜」爲評價標準。

　　銷售計劃是企業其他各種計劃的基礎，庫存計劃、生產計劃、設備計劃、人員計劃，以及資金計劃等均須以銷售計劃中的銷售收入值為編訂基礎，所以，銷售收入目標值一旦有了偏誤，必然連帶影響整個企業的經營計劃，至使計劃失去可信度。所以，銷售部門需具備達成有效銷售收入目標值不可的體系與決心，否則，必然會降低製造部門對銷售部門的信心，並產生庫存過剩及資金週轉困難等一系列問題。因此，所決定的銷售收入目標值不但要得到經營者及第一線銷售人員的接納認可，本身還要具備實現的可能性。

　　(3)**制定銷售策略**

　　目標確定後，企業各部門要制訂出幾種可供選擇的銷售策略方案，以便評價選擇。

　　(4)**選定和評價銷售策略**

　　企業要評價各部門提出的銷售策略方案，結合企業本身實際情況，從中選擇最佳方案。

　　(5)**綜合編制銷售計劃**

　　企業要把各部門制訂的計劃彙集在一起，然後經過市場部經理統一協調，編制出每一產品包括銷售量、訂價、廣告、渠道等策略的計劃，再綜合每一產品的銷售計劃，形成公司的全面銷售計劃。

　　(6)**對計劃加以具體說明**

　　以文字作計劃說明，可使計劃執行人員心神領會，更快有力有效。計劃說明的要點為：

　　①實現目標的行動，應分幾個階段進行？

②每個階段之間的關係次序要註明，比如：由主到次，由先到後。

③每個階段的負責人是誰？

④每個階段需要分配多少資源？

⑤每個階段完成需要多少時間？

⑥指定每部份的完成期限。

除了上述幾點作計劃說明外，凡是與計劃有關的情況，都儘量說明，比如：企業目前的市場佔有率是多少；預期銷售量的餘額是多少；廣告費是多少；零星費是多少；總的市場活動成本爲多少；銷售成本佔銷售收入的比例是多少；毛利是多少；毛利佔銷售收入的比例是多少？

(7)**執行計劃**

企業把各部門的計劃內容、進度、負責人綜合起來，編定出總的計劃實施進度表，以便各部門互相配合，發揮整體效益。

(8)**進行控制，檢查效率**

企業爲保證銷售計劃的執行，應編制一套評價及反饋的制度，以便瞭解和檢查計劃的執行情況，評價計劃的效率，以便根據不同的情況出現，及時修正計劃，或改變策略，確保計劃的實施性的效率性。

8.確定銷售計劃的方式

一般說來，確定銷售計劃的方式有兩種：「分配式」與「上行式」。分配式是由一種由上往下的方式，即是由經營最高層起，往下一層層分配銷售計劃值的方式。上行式是先由第一線銷售人員估計銷售計劃值，然後再一層層向上審報。這兩種方

式各具優缺點，但無論採用何種方式，訂立銷售計劃時，需有
良好的體制；一方面，最高階層者對銷售目標應有明晰的觀念，
另一方面，也要觀察第一線人員對目標的反應。二者雙管齊下，
有機結合在一起，然後再決定下年的計劃。

八、考核

實施銷售業績的考核，是銷售管理的重要組成部份之一，
是對完成工作的效率、效能和效果的銷售人員的績效的考核，
是改善，而非批評，是根據每個銷售人員的銷售成果，改進作
業的缺少，讓每個銷售人員能够得到不斷的提升和突破。

績效的考核的結果，往往會影響一個業務人員的升遷和獎
懲，考核的標準的選擇也會影響業務人員的作業態度和方向，
公平與否影響士氣的好壞，同時，正確的考核能够發掘業務人
員的優缺長短之處，相應提供業務訓練很好的參考和幫助。

1.考核實施的步驟

每個業務人員的績效考核，也象企業實施銷售計劃一樣，
它是分幾個步驟進行的：

⑴確定考核的政策

在考核之前，需先確定以下幾個政策：

① 參與考核的人員是誰？

② 考核的過程是否讓業務人員參與？

③ 考核的時間有多長？

④ 考核的資料如何取得？

⑵ 選擇考核的基礎

一般來說，選擇考核的基礎分爲三種：

成果方面：

① 銷售額或銷售量

② 業績達成率或市場佔有率

③ 毛利率或利潤貢獻率

④ 訂單數量或大小、成交比率多少

⑤ 顧客流失率或增加率

操作方面：

① 每天拜訪客戶的次數

② 實際工作的天數

③ 從事開發、促銷、會議、服務的活動比重

④ 銷售費用的比率

⑤ 推銷售時間的比重

⑥ 顧客異議的處理

行爲方面：

① 業務能力（推銷、談判、開發等能力）

② 工作態度（責任感、目標設定、時間管理、進度控制、協調合作、學習心等態度）

③ 業務知識（對商品、公司、市場、顧客、競爭者的瞭解）

④ 顧客關係（和顧客聯繫的頻度、和顧客的交情、替顧客解決問題的能力）

⑤ 個人形象（談吐、儀表、交際）

⑥ 個性（是否主動、積極、熱情、有耐性、穩定、獨立、有

彈性）

⑶設定考核的標準

要考核銷售人員的績效，一定要有良好而合理的標準，讓業務人員瞭解公司對他們的期望在那裏，引導他們規劃作業的方向和重點。

企業是以利潤為前提的，銷售成果的多少是考核績效的重點，一般常被企業採用的指標有：

銷售量：表示企業的可能利潤。

毛利潤：用來衡量利潤的潛量。

訪問率：通常表示銷售人員的努力程度，但不能表示銷售績效。

訪問成功率：衡量銷售人員效率的標準。

每工作日的平均訂單數目：只能表示訂單的規模與銷售的效率。

銷售費用與費用率：衡量每次訪問的成本，及直接銷售費用與銷售額的比率。

新客戶：這是開關新顧客的衡量標準。

平均訂單數量：多與每日平均訂單數目一起來衡量。

同樣，標準的設定最好不要是單一，而是綜合的，才會比較客觀和公正。

⑷依據標準衡量績效

把業務人員和設定的標準相比較，便可以看出業務人員的績效好壞。設定標準以打分制，綜合得分最高者，他的績效就越好，反之，則越差。但打分要以公正合理為原則。

⑸**檢查考核的結果**

檢討的過程應該對事不對人，同時能够以建設性的建議來取代批評。最重要的是面對問題，解決問題、作爲下次目標和計劃設定的參考，比如和業務人員一起討論考核的重點和標準在那裏，考核的結果如何，如何改進和加強，列出合理改進的目標及改進措施。考核的結果應該作爲升遷和薪資調整的依據，才能達到考核的作用。

2.**業績考核的標準**

在績效考核中，業績的達到率是最重要的指標，從業績達成率中可以看出是各個業務人員努力的成果。但在考核時，也要與其他幾項結合在起。其中考核較有代表性的有下列幾種：

⑴**順序法**

這是最簡單的一種方法，例如有 20 個人，就從一個有企劃能力的人開始依序排列位置，一個個排列下去，也可以以實際能力爲標準來排列名次，還可依協調性來排名次，然後把各項比分 統計起來，最後產生綜合的名次來。

⑵**標兵比較法**

先挑選一個最標準的人選爲基準，一個個的跟他比，以評核各人的成績。

⑶**對照表法**

把實際能力，計劃能力、統策能力、協調能力等逐項結合起來考評。

⑷**考評盡度法**

這是將各個專案都給予考評的尺度，主管依平時的觀察與

記憶，對各項目的考核作一份比例表，加以考評的方法。

⑸**利潤貢獻法**

利潤貢獻法是邊際利益除以業績金額所得的比率。邊際利益則是業績減銷貨成本所得的毛利再減直接費用即是。

直接費用系因業務所需而發生各種費用，包括薪資、獎金或傭金、交通費、食宿費、交際費、辦公室費等支出。

表 6-9　2000 年某公司業務人員獲利分析

	業務甲	業務乙	業務丙	業務丁
業　　績	$ 2470	$ 2640	$ 2760	$ 2770
銷貨成本(一)	1482	1690	1710	1800
毛　　利	——			
毛利率	988	950	1050	970
直接費用(一)	40%	36%	38%	35%
薪　　資				
獎　　金	60	65	70	70
交通費	25	27	28	30
食宿費	20	24	20	26
交際費	15	16	12	18
辦公費	10	15	10	16
邊際利益	10	12	10	12
利潤貢獻率	——	——	——	——
	$ 858	$ 791	$ 900	$ 798
	35%	30%	33%	29%

從上表可以看出，業務人員甲的業績雖然最低，但所創的利潤貢獻率卻最高，原因是銷售成本低和直接費用低的緣故。

銷售成本低代表該業務人員所銷售的產品利潤較高，直接費用低是由於該業務人員資歷最淺，薪資低，且費用控制也較佳。

相反的，業務人員丁的業績雖然最高，但利潤貢獻却最低，原因是銷貨成本高和直接費用高的緣故。因此建立利潤的觀念，能給公司帶來更大的利潤。

(6) **綜合能力評估**

有時光以財務的角度來衡量業務人員的績效好壞，往往會造成反效果。它應排列出一般公司常用的十個專案，包括工作態度、推銷技巧、商品知識、溝通技巧、市場掌握、客戶關係、計劃能力、時間管理、創意能力、談判能力等不同的專案而定。見下表：

表 6-10　2000 年某公司業務人員甲綜合能力評估

（綜合得分：6 分）

評估專案	極佳	良好	普通	不好	極差
	(2)	(1)	(0)	(-1)	(-2)
工作態度					
推銷技巧	✓				
商品知識				✓	
市場掌握	✓	✓			
溝通技巧					
客戶關係		✓			
協調合作				✓	
計劃能力	✓		✓		
時間管理	✓				
書面報告					✓

從上表評估的專案可以看出業務人員甲的綜合能力，採取打分制，利用這種計分量表的方式容易掌握，一目了然，長處與短處都在那裏排著，可以作為日後改進的參考。但綜合制彈性比較大，作為主管者一定要保持公平合理的原則，不要偏重主觀的判斷。

3. 績效考核的要素

⑴考核不要流於形式

流於形式就是草率。例行公事、千篇一律，做過就好，只停留在紙上作業的階段，這是許多公司在績效考核中的通病，由於不夠重視，無法把考核的結果實際付諸行動。

事實上，在考核作業完成後，管理者必須採取一些跟進的行動：

誰該獲得加薪或獎懲？

誰應該得到升遷？

誰應該加強訓練？訓練的內容應該加強什麼？

每個業務人員的缺點是什麼？如何改進？在多久的時間內改進完畢？

誰應該被開除？

唯有獎懲分明，才能使績效考核發揮作用。雖然獎賞、加薪和升遷人人都喜歡，而改進、懲罰甚至開除令人不愉快。如果結果好壞相差無幾，那麼考核還能起到什麼作用。

⑵考核應從大局著手

考核的標準要挑選最主要的專案，要從大局著眼，而非小地方看問題，只有這樣才能對公司產生貢獻和效果。

業務人員一定要能創造業績，爲公司創造可觀的利潤，至於他穿著是否非常講究，口齒是否非常伶俐，儀表與談吐是否得體是必要但也是次要的。所以在考核中，要以業績爲重點。

⑶考核方法要多種化

運用多種考核方法，加以對照，這樣做的結果是比較客觀公正。可以更深入的瞭解業務人員的優缺點，比如，有的業務人員工作很勤奮，但業績却不高；有的業績不錯，但業績達成率不高；有的業績好，但客戶關係不佳，只注重眼前的成果，不注重長期關係的培養。由此可見，不同的考核方法可以提供不同的角度，同時考核的專案和標準也有導引業務人員工作方向的作用，如果只是採用某一種方法，可能會產生誤導，，比如，只重數位、不重行爲；光說不練，沒有成果。

⑷避免光環效應

在績效考核中，應該避免光環效應。有些業務人員被視爲「明星職員」或者「超級業務員」，頭上頂著光環，倍受上司喜愛，無論做任何事情，不管效果如何，只有讚美沒有責備，像這種人員在考核中應該對事不對人，不要抱著主觀的意見來判斷人員的績效好壞，必須保持客觀立場。

⑸考核應採取「參與、接受、承諾」的原則

績效考核不是什麼事情都是主管說了算，最好是讓業務人員一起開會討論，瞭解考核的內容，共同設定達成績效的目標和方法，形成共識；要求公平、客觀、成果可以衡量、標準可以接受，公司和業務人員雙方都認同目標、方法和考核結果；考核的結果如何，在改進時要獲得業務人員對此的承諾，業務

人員爲承諾會全力以赴，這樣做的結果是效率更高。

九、如何管理你的營業團隊

　　當你遇到一位有問題的推銷員時，營業主管與推銷員之間的衝突是無法避免的了。你可能很難決定，這究竟是人的問題，還是環境造成的問題。如果是人的問題，他值得你花費精力去改變他嗎？作爲營業主管遇到這種類型的部門下屬時，你可千萬不要慌張，你先調整一下自己的情緒，並承認他自己造成的問題，你針對這些問題，尋求解決的方法，從焦點處著手，這些衝突的破壞力還是可以減到最低程度的。

　　前不久，銷售主管對甲說：「你被開除了，我真的不敢相信，你擁有區域內最好的市場，也曾經是最能幹的最出色的推銷員，而你諸然把這麼好的市場一年之內破壞了，到底是人的原因，還是市場的原因。但，不管是什麼原因，你却都無法向我交待」。

　　每逢業績下降時營業主管而不是承認自己在管理推銷員這些部屬們方面的缺陷，常常試圖擺脫自己的直接責任，他們指責產品、競爭對手、客戶群體、廣告效果、推銷員的不是，拒絕承認衝突的存在。一旦事情造得不可開交，就會怨天由地，互相指責。

　　可是以前，這位地區營業主管是雄心勃勃、信心十足，他以他的優秀部屬爲榮。現在，他的自尊心受到打擊，他感到他的事業也垮了，他在總公司的位置也受到威脅，那麼是什麼原

因造成這種情形呢？

　　有一句俗話說「天下幸福的家庭大多是一樣的，而不幸福的家庭却有各自不同的不幸」。失敗的原因固然很多，但有一點是錯誤的，這位營業主管太求功心切，希望馬上成功，他要求所有的部屬都要加倍努力。結果，事與願違，他與這些未完成業績標準的部屬們展形一場血戰：他抵制希望成爲經理的優秀型推銷員；他絕不同情潛力型推銷員；一位固執偏激的部屬拒絕向他按時交出報告。然後，他最大的錯誤是向未來領導型部屬挑戰。

　　局勢無法控制，協調溝通也成爲了昨日黃花。這場毫無意義、徒勞無功的對壘，使得這個銷售區域裏的每個人都傷痕累累，身心疲倦。團隊的士氣日益俱下，潛力型明星型部屬的晉升機會也烟飛灰滅，業績紅利也成爲南柯一夢。部屬與主管都受到挫折。雖然他們平日奔波一個又一個的市場，努力工作的結果，他們只獲得很少的一部份成果。然而，主管與部屬之間都不明白，究竟做錯了什麽？

　　部屬在事後私下反省道：「我們的營業主管是具有魄力的，也附有人情味，實在不算上個壞人，但似乎只是方向上走錯了一小步。坦白的說，他因爲一位部屬不願按時交報告而大發雷霆，這些都不足有責怪他的理由。他所作的其他一些事情倒還相當公正。但是，不知爲什麽，推銷員們一個個都起來與他對抗。不久後，這些小小的情緒對抗終於成了爆發戰爭的導火線。這不是一場公開的戰爭，這是部門內部的窩裏鬥。彼此只顧著對壘，彼此也忘記了銷售任何產品，更談不上開拓新的客戶和

銷售範圍。」

單獨的個人，不足以構成團隊，更不可能成立一個部門。一個部門，一個組織，最基本最起碼是由兩個人以上構成的。團隊構成一個部門，部門構成一個組織。團隊具有凝聚力，不然便會是一般散沙。作爲任何一個部門，主管與部門之間的對壘衝突是難以避免的。但是就發現問題而言，又是有益的。此時，如果營業主管知道如何管理這些有問題的推銷員，並承讓自己的不足，檢討自己的偏激，這些對壘所造成的破壞力可以降到最低程度。

1.剖析問題根源

⑴發生了什麼事情

營業主管所見（部屬忙著對抗我，全忘了銷售產品。）

推銷員所（營業主管把業績目標壓得太緊了，他不斷和我們作戰。）

營業主管：你之所見，可能是事情的真象，但是，換個角度看問題，結果可能完全不同。所以，第一個問題的答案，你可能認爲是部屬忙著對抗你，而忘了銷售產品。然後，他們可能覺得你訂的銷售目標過高，或者時間過緊，是你把他們逼得太急了。你必須盡力指出彼此間的不同的觀點，對這個問題的溝通，很重要，千萬不可漠然處之。

⑵誰牽涉在內，或者可能牽涉在內

（本地區大多數部屬都在抵制我，其中，只有少數推銷員間接牽涉在內，表面看來，隨時有可能全部加入這場戰爭。）

營業主管：你可能認爲，只有一位部屬對你不滿。而事實

上，其他的推銷員也可能牽涉在內。他們密切的關注著事情的發展，也可能轉而加入他們同伴的仟列。

(3)我以前曾經應付過類似的問題嗎

（我做推銷員時，曾因工作過度，和鄰區的幾位推銷員產生敵視。）

營業主管：如果同樣的問題再度發生，就表示你很可能處理問題不當，然而，如果現在發生的總是和以前類似，你就可以利用過去的經驗來處理現在的問題。

(4)這個問題到底發生了多久

（大約幾個月吧？）

營業主管：雖然目前的問題可能尚未造成重大損害，但為了避免問題的進一步擴大，你必須在問題擴大前，正視這個問題的存在，並瞭解其來龍去脈，以便有針對性的加以解決。

(5)這個問題是否很嚴重

（造成轄區內總體銷售業績大部份下滑，總公司的領導已對我有看法了。）

營業主管：以優先次序的順序解決迫在眉前的嚴重問題，預防問題更進一步惡化。

(6)如果我現在不採取行動，情況是否會更一步惡化

（如果我不採取行動措施，我可能被總公司解職。）

營業主管：首先要冷靜下來，注意問題的發展，稍後，就問題本身取得總公司領導的理解與支援。

(7)我怎麼會造成這一問題

（可能是我管理部屬的方法不當，我要負主要責任。）

營業主管：首先你正視了問題，沒有採取逃避，問題便容易解決，你只需停止以前的決策，跟進改善問題的措施就行了。

⑻**如果我無法解決這一問題，會有什麼情況發生**

（我會被開除？）

營業主管：問問自己吧？無法解決問題的後果是什麼？當你瞭解你的損失之後，我想你應該知道自己該怎麼採取行動了。

⑼**我有多少時間來解決這一問題**

（我必須在二個月內提出情況改善的證據，並在半年內完全改變這一局面。）

營業主管：太晚解決問題，和沒有完全解決問題一樣糟糕。三個月內有情況改善之措施，半年內有成果可報導改善之績效。

⑽**我願意付出何種代價**

（如果大幅放寬管制，我願意作任何合理的讓步。）

營業主管：此時，你如果明明白白知道了問題的後果，作出適度的讓步，來取得部屬們的理解與擁戴，通過大家共同的努力，你所面臨的危機也就迎刃而解了。

2.**效果預測**

假如你是一名市場部行銷總監，最近半年來，業績一直都在下降，這是以前從來沒有過的現象，你可能採取許多行動，來阻止業績滑落，在研究全盤情勢之後，可擬定下列計劃方案。

⑴設定今年每個月的月份業績目標，目標儘量明確，同時通知推銷員，如果目標未能達成，你將施以嚴厲的懲罰。

⑵建立一項特別的獎勵制度，業績增加的業務員將立刻得到獎賞報酬。

(3)立即開除業績較低的部屬，並招聘新的推銷員，予以「換血」。

(4)召開團隊會議，或舉行個別會議，以解決問題，並瞭解到底發生了什麼事。

現在我們分析一下上面的 4 個計劃方案：

假設營業主管選擇第一個可行方案，並付諸實施，最後可能發生什麼樣的後果：

①所有的推銷員都屈服在懲罰的威嚴下，盡力達成目標，營業主管可能得意洋洋，以為他的問題已經解決了。但是到了年底，客戶開始退貨，最初的退貨還不算多，後來竟愈來愈多，使公司難以招架。最後營業主管被調回總公司受訓。實際上，業績劇降加上嚴重退貨，可能使他失去在總公司記憶體在的價值。

②一些推銷員並不理會這項目標，但也受到嚴懲，這使得士氣大降，業績更加跌落。

③沒有任何推銷員理會這項目標，他們都受到罰懲，因此，士氣普遍降低，業績更為低落。同時，不滿的推銷員組成非正式派系，開始對抗嚴厲的懲罰，最初僅是默默的對抗，後來更轉為公開的對壘。最後，營業主管終於向推銷員讓步。

營業主管在採取行動之前，應該先行預測此一行動方案的後果。預測不一定正確，但至少可以瞭解可能的反應，營業主管制預測經驗增加之後，他們將會發現，預測的正確性業已大為增進。更重要的是，他們將可以經由預測所有可能的反應，而避免許多潛在的嚴重問題的發生。

上面的另外幾個方案也嘗試著執行，並預測一下後果，一般來說，只要營業主管能以身作則，對事不對人，進行一套完整的獎罰制度，保持公平、公正、團隊的精神意識會普通上升，那麼一切問題都好解決了。

3. 擬定策略，面對問題

一項正確的策略可以協助你解決情緒化的推銷員，使他士氣大振，使他恢復最高的業績。然而，一項錯誤的策略，却可以使你陷入更深的困境，把一項僅與一人有關的簡單問題，擴大爲極端複雜的問題。

下面擬定了幾種正確的策略，不論你遭遇何種問題推銷員，這些「正確策略」都會幫你把你的團隊管理好。

⑴促進互相瞭解溝通

除非你和推銷員有坦誠的談話，你不可能開始解決問題。同時，你必須相同敏感，能體會話中的情感和意義。例如，當推銷員說「我不知道。」或是「不要提了」。他可能是在告訴你，「我不準備告訴你。」或是「你沒有注意聽，我不要再說了。」

在談話中，如果你提出一項具有吸引力的方案，你必須確定他已完全瞭解，否則，不要假定這項方案一定會被接受。

營業主管：「你覺得這項方案好不好？」

推銷員：「這項方案還算合理，解決了部份問題，但是，其他還有一些問題使我深受困擾。」

營業主管：「那些問題，你可以告訴我，好嗎？」

總之，你不要立即停止談話，這可以協助你發掘許多潛在的問題，很不幸的，有些營業主管常常在還沒有瞭解事實之前，

就中止了談話，自己對方案作出了決定。

記住，在建立互相的瞭解的同時，一定要有三種不同的觀點；你的觀點，推銷員的觀點和存在的事實。你必須經由雙向的溝通，要求回饋，以不斷的證實是否業已互相瞭解。如此，你將可以真正的瞭解了推銷員。

⑵ **消除壓力**

情緒化的部屬很壓抑、很緊張，可你也一樣。他知道，如果他說錯了話，可能傷害他的事業，甚至丟掉工作。同時，如果你處理不當，你可能破壞這位部屬的生產力，迫使他投入競爭對手的懷抱。此外，你和其他推銷員的關係也將日益惡化。

由於雙方共同都處於強大的壓力之下，你必須採取一項正確的策略，來消除情緒上的壓力。一開始，你可以在某些重要問題上稍微退讓，如果你面對的是文盲型推銷員，不要要求他立即交出報告。你在瞭解真正困擾他的問題之前，忘掉報告。

有時候，你可以在開始解決問題之時，先責備你自己：

「我知道，我要求你做得太多的報告了，但是，我並沒有想到，這會對你造成這麼大的負擔。」

另一種消除壓力的方法是表達你的感受：

「我為什麼生氣的原因是我太左右為難了，其他推銷員都知道，你沒有按時交報告，他們正等著看好戲呢？」

你以傾聽抱怨的方式，可能增加壓力，也可能消除壓力。例如，當人誇大事實時，不要反駁，接受他所說的話，他抱怨之時，他在情緒上的一切壓力都將會減輕。但是，如果你要證實他所說的每一件事，他會更緊張，更憤怒，恰如其反。

最後，不要催促他，讓他慢慢說，即使他說些無關緊要的事。自己先冷靜下來，放理智些。這樣處理會好一些。

⑶**建立互敬互重**

人與人之間必須先建立在互相尊重的基礎上，才可能成功的解決問題，這是前提。你說話的語氣和你的態度也可以顯示你是否願意平等對待他。總而言之，不要亂發脾氣，控制你的感情，顯示你對他的尊重。你必須瞭解到，他對你的對壘是由他內心蘊積的強烈情緒所引發的。你可以很有技巧的讓他知道，他在做什麼，你可能使他承認。

雙方共同都在尋求一項解決的方案，你可以要求他提出建議，如果建議很好，你不妨接受，這比做一項決策還要好得多。

⑷**尋求相互滿足**

一旦你能滿足情緒化的部屬的需求，他們可能會改頭換面，重新做人。他可能需要安全、贊揚、責任、或是自我實現價值的願望。每一個推銷員的需求形態都不大相同，唯一相同的是他們都渴望滿足這些需求，當然，你也有你自己的需求，你必須協調、必須給予，也必須接受，直到你倆都滿足為止。部屬必須作某些改變、讓步、調整，但你也一樣需要。

但是，你必須注意，在整個解決的過程中，你必須貫徹你的承諾，否則，推銷員不再試驗前後的情勢，看看部屬、你，以及整個形勢是否大有改善？

正所謂，正確的策略是指示燈，是航標，是企業戰略的方向盤。

第 七 章

行銷總監的武器

行銷總監爲圓滿達成公司任務，可運用下列行銷總監的武器，例如數位、資訊、說服力、協調溝通、會議等，說明如下：

一、數位

用清晰準確的資料來評價業績，是行銷總監所具備的最低條件。

一個對數位感覺良好的人，勢必有高度直覺的洞察力與思維方式，比如對負責擔任市場的規模，以及市場佔有率，或是對於目前業績的成長率、目標達成率、每人的生產力、平均營業額、每小時產銷額等都能立即回應，必能表達行銷總監對業務所把握的水準與指標，同時也能以數位來掌握競爭對手的狀況，進而擬定營運的策略，以便採取有針對性的市場行動。

對經營的數位作爲個人深入探討研究的興趣增加，對瞭解

自己的企業損益表、資產負債表之後，就可以對開拓交易物件公司做判斷與掌握，這就是經營分析的手法。比如說，有些行銷總監只要看一眼店鋪，就能洞察出那家店鋪的坪數、營業額，每人生產力、每一坪的銷售額等。當然，這種能力，並非一朝一夕就能培養出來，它是對日常事務的資料長期掌握的結果，這種結果是每位行銷總監最直接最有效的結果。

作爲行銷總監如果能經常閱讀關係到公司有價證券報告書加以分析，往往可以把握該企業的真正形態，同時也能預測今後未來的方向；如果能經常研究國際經濟方面的數位，常常注意到的經濟指標，和顧客交談時，常會脫口而出令人深感興趣的數位，對自己股票或公司債的投資也可以發揮威力。對有關數位的知識、對這種數位的把握程度會成爲個人日後工作中的重要武器。

對日常經營資料掌握，只要有簡單的數位處理能力就可以，但是它所帶來的效果是行銷總監終身受用的。

二、資訊

對於行銷總監來說，資訊的需求愈來愈重要。但是現在是資訊泛濫的時代，一切的資訊真的假的都會蓋地鋪天的飛進你的耳朵，作爲這個時代的主管，就必須能把這些資訊消化，變成自己的使用武器。

而目前所謂的資訊，不是像過去博學式或消息靈通就好，而是能够在必要的時候，收集必要的訊息，並且能活用在日常

業務上才行。以往的主管,只要把從上司得來的訊息,傳達給部屬使其清楚的理解,就算完成了基本使命。但是,在這個時代潮流中,真正有價值的資訊,單靠從上級或別人那邊得到顯然是不够的,是要需自己親自發揮五官收集,使用金錢或其他方式去收集,且縝密的加以分析,戰略化的應用在日常事務上,形成一個以自己爲軸心的資訊站,傳達一定水準的資訊給上司或部屬。這種具有收集資訊的能力,及將它戰略化並且發布訊息的能力,是決定行銷總監在企業記憶體在的價值,也是決定企業存在的價值。

隨著企業中戰略資訊系統需求性提高,大型企業中的連絡網路,都直接經由電腦來傳達,如一般職員直接給總經理傳訊,或總經理直接對管理者的下達命令指示,都已經由個人電腦來完成,這種企業間的資訊,不僅收集資訊的基本能力沒有了,就是連分析資訊的能力都喪失。

隨著企業戰略資訊系統更高度化的進展,人與人之間的資訊交換更加流行,在這樣的時代社會裏,要成爲資訊當事者的立場,必須自己具有動手操作個人電腦與文書處理機的技術和能力。

三、說服力

具有說服力的行銷總監在說服物件成立時,事先都會有充分的考慮;自己要對誰,要如何和要傳達什麼事情。

如果單向的述說自己的想法,不過是意見的發表而已。但

說服就不同,當說服時,不僅其說服的內容重要,應在什麼環境中來表達也極為重要。無論自己擁有多好的構想與創意,如果不能使對方理解的話,自己在企業中也就沒有什麼價值。比如說,想說服較複雜問題時,如果對方正在忙碌,無心接受的情形下,你即使耗費多少口舌,也是徒勞無功的,所以對某些人則需要先判斷對方的情緒好不好,才能使說服行動成功。選擇適當的時機和場合,而最高明的說服者,就是不讓對方感覺到被說服了。

尊重對方是重要的一個原則,說服的時候,如何促進對方的自動自發,才是說服者之技巧。要說服部屬時,最後會讓部屬覺得是自己思考的結果,自己樂意下判斷的,主管只是給對方下判斷的想法一點動機而已。這樣的說服最能奏效。愈想強迫對方接受你的意見,只會招致更多的抗拒而已,而是以誠意來讓對方真正瞭解你。但是有時候,無論多麼努力都無法說服對方,都沒有成效。此時,只一味的前推沒用,或許可以採取一下迂回戰策「不銷售而銷售」,在使用這種技巧時,絕不能表現出一定要賣的態度,而只是經常的說:「你不要勉強購買」或「請三思而後行」等不在乎買不買的話,把握分寸和主觀控制性,這種辦法如果當事人操作得當,可以收到意想不到的效果。

四、協調溝通

所謂「協調溝通」,就是事前週全考慮,明確自己的立場,來對主要的人物表明其方向性,來協調各方面的關係與溝通說

服。它是爲圓滿達成工作的一個步驟。

在溝通協調之前，行銷總監必須具備說服對方讓其接納的技巧，作爲主管的重要職務，不應該等到發生狀況時才去解決，而是能在事前就爲了掌握主要人物的共識而採取的適當對策。因此能夠瞭解協調溝通的原則，而運用到具體工作中去，主管對上司和部屬的影響力較大。

一位擅長於協調溝通的某主管，在召開協調溝通會之前，會做許多細緻而大量的工作。如果他預測可能會有種種反對立的意見時，把大家共有的想法結合起來，然後採取慎重的方法處理，對上司領導或重要客戶，他會事先準備好他可能會反對的原因及意見，然後讓對方知道你早就替他想好了一切問題，而且針對他的意見，加以盡可能採納的考量或做因應的對策。到了正式的會議中，由於事先已做好反復再三的溝通，即使對方有些不滿時，也能因爲早已考慮對方的意見，而使會議進行的內容朝向預料中方向進展。這種尊重對方的意見爲前提的協調溝通，顯然可巧妙的引導對方，贊成自己的想法，也能得到上司的協助配合，及部屬同事客戶的諒解與支援。

要明白的是，協調溝通不是姑息妥協的手段。它只是一種爲使工作順利推展的潤滑油調和劑。

五、人脈

這人世間除了人與人之間的關係外，可以說沒有更重要的了，在企業界也不例外。人與人之間的關係如果做得好，不僅

獲得必要的資訊，同時更能獲得對方幫助。通常說，在自己的週圍，究竟有多少人認識你，就是你具有多少所謂的人脈這個財產問題了。如果只是有事相求時才利用對方，自然無法獲得對方的首肯，人脈圈子，是需要積極從事塑造人脈的意識與努力累積才行。

作爲身處管理崗位的行銷總監的人脈，應以其廣度及學度爲重，當部屬在評估主管時，主管所憑持的人脈水準與範疇自然會使其評價受到影響。例如：「我們的主管和那位人物也有認識」等會使主管在部門內的存在價值提高，並且，良好的人脈會再造成更好的人脈來。由此可見，一個好的人脈才是終生受益不盡之寶。

一個優秀的人脈，其背後必定擁有幾個優秀的人脈，好的人脈必定再介紹更好的人脈，但必須注意的是，如何保持自己良好的形象，如何能維持好這個好人脈，是要大費週章。比如，有事沒事一個月也要聯絡幾次來維繫感情，偶爾見面時，互相交換些資訊。只有這樣，在遇到重要問題時，才能互相協助，所以日常的往來是特別重要的。

六、企劃力

所謂的企劃力，並非只有靈感或構想的水準而已，它必須具備能使對方印象深刻的能耐，就是將構想變成商品的才幹。

作爲行銷總監，想企劃某件事情時，必須先掌握對方的需求與認識現狀，然後正確的對應其欲求，採取必要的措施，並

且不能單以抽象式的語言來敘述，而要有寫成企劃書報告的才能才可以。如果無法訴諸語言文字來表達的企劃，其內容也不太有系統，所以這種說法表示本身還不夠明確化，尚未達到所謂企劃的水準。在寫企劃書時，除了一些細節要特別留意外，其企劃書的目的、架構，都必須由主管親自擬定才行，否則，部屬無法跟進，今後的主管不僅要檢核部屬的企劃力度，同時自己也要動手立案企劃，才不致於喪失主管存在的價值。

「閉門造車」，坐在辦公室內做企劃書，早已成爲城南舊事。爲了鍛鍊企劃能力，必須經常仔細留意週圍保持高度的問題意識。如果對有關企劃的內容，自己沒有什麼概念時，應該請教有專業知識的人，著手調查或與對方討論。不然，就不可能有好的企劃產生。

具有高度創意企劃力的主管，身邊應隨時携帶筆記簿與相機，走到一處，碰到感興趣的或是有觸發靈感的事物，就馬上拍照並做記錄下來，而且加以定期處理，作爲自己重要的企劃種子資料。但是要注意的是，企劃力不單是做成書面報告的階段就完成了，具體的加以實施，付諸行動，把企劃力轉變爲成果才是根本。

七、會議

會議是對於某種問題，互相溝通以決定如何進行處理的一種儀式。對行銷總監而言，會議主持得好就是重要武器，尤其對日常營運有幫助，又能提高績效的會議，也是主管必須加以

研究的重要課題。但如果只是純粹的聯絡，或求下結論的，在平常業務的進行中就可當下解決，就不需要召開會議。既然要經過會議的場合，就必須使其不流為單純的聯絡而已，而是能夠發揮舉辦會議的真正意義。

所謂會議，關鍵看它有沒有舉辦的意義，再有省視會議的實質作法。大凡會議都應有明確的目的，並給部屬有發言的機會，去衡量部屬敘述的內容，其真正意旨為何，同時讓職員也能充分的理解主管的想法與意圖，才是會議的重點所在。

會議舉辦得好不好，效果如何，這就需要行銷總監具有巧妙發揮營運會議的能力。通常一般會議的召開，內容種類繁多，但一般而言，大部份的會議都混合了各種內容，其次，要注意的是，並非每次會議結束，就告一段落，卻是每一次會議內容，其實都有互相連結的關係，比如說，現在開的會議應確認前一次開會的情況與結論如何，會議具有明確的目的性，如果斷章取義的開會，相同的內容反復的被提出，只是徒然無功浪費時間罷了，因此，會議的確須由主管來主持領導，使得出席者都能瞭解會議最重要的莫過於主管應該交待給部屬的事情，並能達成最後的會議結論。

巧妙的誘導、事先的協調溝通，這都是行銷總監主持會議的重要技巧。對於那些無視主導者，需要事先做好協調溝通，以便在會議中，透過他們來導航推進；對於會議態度漠然的人，要設法拉攏他積極參與，提醒與會的自覺意識。既名為會議來開，必定是為有待決定的事宜想討論，主管本身應有明確的結論目標而運用技巧帶領部屬，並且會議的最終結論，也應該由

主管以身作則的行動示範才行。要不要開會，如何使會議合情合理，真的有需要開會嗎？這些就必須由主管親自去判斷了，而且既然決定召開會議，主管便有義務維持會議的有效性。

　　召開會議的方式也很重要，如果一般的業務聯絡與報告事項，可以臨時召開，而且大家站著交代傳達即可，這樣會議的時間就會縮短許多。如果是要研究戰略或構想的會議，爲了就問題能充分深入探討，就不要太顧慮時間。所以，會議不應該被既定的形式或概念所束縛，應以部門內的營運順利推展爲前提，考慮該用怎樣的會議方式，最適合自己部門內的事情來達成最有效率的成果才是重要的。

八、敏銳感應

　　隨著市場化的日益激烈，現在已經不再是只單憑個人經驗去判斷事物的時代，而是能有自發性覺察週遭「觸覺人類神經」才行。要能敏銳的感應時代潮流，能像「鳥一般的視覺感」從高處眺望這個社會時代的動向，以及配合如「蟲一般的視覺感」與「魚一般的視覺感」，分別洞察時代社會的精細變化與視覺感官，對社會脈動，有種直接的感覺。這種感覺是具備既能順應、又有好奇的精神，及樂於接近的態度，才能對企業有所幫助。

　　比如，對自己行業以外的它種行業也隨時關心，甚至對自己的髮型，更要有夠氣質的審美眼光，或是使企業熱絡喜樂之心等，能成爲一個充滿感性能順應時代潮流的行銷總監。至於對正常的業務推進上，能對週圍變化有敏銳感應的能力這種智

慧可以化為企業實際效益的幫助。

氣質的優雅不是靠裝出來的，而是靠日常的細節表現出來的。大凡事不能只看表面，閱歷、知識、技能都是培育內涵與教養的產物。我們不僅以購物的立場來看和選擇商品，而是能洞察時代趨勢的敏銳眼光，以對週圍環境有高度敏銳感應的能力，必對生意頭腦及事物的認識適應性大大的有所提高。

行銷總監不僅要有內涵，連外表也要瀟灑，順應潮流的落伍者，不是單純的年齡所造成的，備受大眾歡迎的人，是充滿感性而且能順應時代自信者。

九、品德

究竟什麼是品德？有人認為品德就是「善良」，就是公認的「大好人」。但所謂這種定義與品德是迥然不同的。尤其在企業界裏，道德教育下的「善人」，未必可得優秀的評價。

企業裏的品德，主要是看透過業務的推展，獲得部屬 的信賴，且能實際的達成目標的。這種有績效的人，才是最吸引人，具有無法形容的魅力人物。如果追根究底的說，世界上一切動態的源泉回歸面對大自然的品德人性。

有句古話「女子無才便是德」。企業界却大有「有才無德」之輩，就是指那些有才幹有實力，但却沒有人願意跟隨的幹部們。換個角度而言，就是有才華，但却容易傷人，導致自己被大家疏遠。然而，有些看起來不像很能幹，但胸襟廣闊深獲部屬愛戴、上司信賴的人，往往最後能如願以償的在企業界步步

高升，而觀察這些人的行動，可以發現其共通的特徵，就是對週遭的人悉心照顧，能設身處地的去瞭解他人的痛苦，以自己過去的經歷來予以輔導。比如，同樣採取相同的行動或發言，有些行銷總監自然而然地被部屬或上司接受，可是有些人反而會遭遇到反彈抗拒。雖說內容沒什麼兩樣，但為何有這樣大的差距呢？其實這不是什麼理性的，是屬於那種感性的反應。而這就是品德上的差異。

　　一個有品德的人，在其表情，動作或言談中，就會自然的流露出來，甚至在不知不覺中，這種品德會散發包容對方。那麼，作為部門的行銷總監，又應該如何能擁有這樣的品德作為自己的武器呢？

　　好學上進，專業技能超群自不必說，更要努力提升自己的身心修養，再以謙虛的態度去接觸在週邊有品德的人，是最簡單最實在而有效可行的事。接觸有品德的人時，不要太顯露主觀意見，坦誠的去接受對方的言行，這種樂於接受對方言行的態度，可以讓對方放寬心胸不保留的送給你珍貴的建議。但反過來說，一般年輕氣盛的人，容易任性仗才，不肯坦誠的接受別人的意見，但也因為這樣，當他們遇到挫折，就馬上顯露出脆弱的一面，由於以往未曾經歷過危機，一時間措手不及，不知如何應付。一方面不敢坦誠的面對現實，一方面又提不起勇氣要求他人援助，此時，只有掙扎的份了。相對的，如果是經過大風大浪的人，就能輕易的瞭解他人的痛苦，擁有關懷之心。面對突發的狀況，週遭的人便自告奮勇的伸手去支援，在別人眼中，這個被伸手支援的人，就是一個有魄力，有品德的人。

品德的武器是什麼？簡單的說，是有愛心、學習心，能設身處地為他人著想，在自己面臨困難和壓力的時候，同時人們也以「投之以桃、報之以李」來相應。

十、健康

擁有良好的身體素質，可以長期的保持體力，維持正常的健康狀態，才能在競爭日益白熱化的商戰中獲勝。所以強健的體魄，是行銷總監的基本條件。

在現代的企業中，有許多優秀人才擔任中堅力量，他們都有大好的前程，但後來却因為健康原因，壯志未酬而退休匿迹，對他而言令人遺憾，對公司來說，也形成大損失。造成健康的原因固然有多種，比如，先天遺傳素質不好，後天出現事故造成身體受挫等等。但有很多行銷總監是在工作場合中，不能達成預期的業績，或是被工作上的問題所困擾，過分壓抑造成身體江河日下。但有一項市場調查說，業績很高，營運順暢的行銷總監身體健康保持比較良好，基本上，他們能够如期達成業績，這說明他們的身心健康是最大的動力根源。

由此看來，行銷總監為了健康管理的基本原則，等於對應該完成的任務，拿出最大的自信心，全力以赴，才是重要的。並不是說有醫院，醫師，是健康管理的基本，而是說能在工作中管理自己的健康，才是站在企業第一線的主管所應有的最佳保健之道。如此一來，在工作的進度中，能徹底的投入執行，而在休息時能充分的放鬆身心，都是自己必須去力行體會的。

　　不僅是企業界，就是以人生價值而言，畢竟身心都健康的人，才是最後的贏家。所以身爲行銷總監，必須有一套有效率的工作方法，才能有充裕的時間做保健，而且也有辦法提高業績，這種能創造時間同時又能維持工作與健康的態度，才是行銷總監價值存在的根本。

心得欄 _____

_____

_____

_____

_____

_____

第 八 章

利潤中心行銷總監的工作項目

一、利潤中心制度的優點

到底要如何使一個企業能真正產生效益，這就是我們所要談的「利潤中心制度」。

目前企業界有很多經營者都關心「利潤中心」此課題，且有些人在觀念及認知架構、不見得有完整的瞭解，只知道「利潤中心制度」可以爲大多數企業界解決不少管理上的問題。而不知道我們很幹練的人才如何能够留的住在我們的企業裏面，不至於失掉而成爲我們競爭對手。我們必須給他們機會，使他們對企業單位願意負責，甚至覺得在這個企業裏也能够滿足創業感。

所以，在這種環境及變化下，「利潤中心制度」就爲最適用的方法。

利潤中心制度與企業是生死攸關的，沒有好的及完善的利

潤中心管理制度已成爲企業的軟肋。

1.企業的缺失

沒有完善系統的企業利潤中心制度，對企業存在的隱憂極多，它主要表現在如下這些方面：

⑴過度對立的勞資關係形態

通常一般企業常有下列這些現象，當有一任務交待下去的時候，在部屬之間的一共通話語就是「管他們的！那是公司的事情」，而碰上一些敏感的問題時，如待遇、利潤、責任上的事情，部屬總會推說：「那是公司的事情我們不管他！」這時經營者聽到一定很不痛快將該員工考績打低一點，而在員工本身也會產生不滿足感，這就是「勞資關係的過度對立」。

過度對立往往使勞資間的代溝無法拉近，在勞資關係的代溝無法拉近的情況下，就會造成管理上的一些問題，也就是我們剛剛提到的人員的流失。或者，是員工對工作上的不投入。

⑵本位主義、家族型態濃厚

所謂「本位主義、家族型」就是家族形態無法擺脫或則本位主義過度的濃厚，其實就廣義的「家族型態」而言，並不是我姓王我所創立的企業體中把我的兄弟姊妹攏入企業體內工作的家族企業。而是合夥的事業也是一種家族型態。比如今天我們三人合夥成立企業，我們三人皆認爲應對我們共同的事業投入努力，而三人皆加入企業中經營，因爲三個人皆爲投資者亦皆爲經營者，所以不發生問題還好，一發生問題時每個人都有意見權，若三人的本位觀念皆非常濃厚，其心態上往往認爲應對公司付出所有關心，別人的意見不一定好也不一定可行，萬

一交給別人弄不好垮掉怎麼辦，所以會堅持自己的主張。這一來家族觀念就形成，在這時候我們的部屬及員工就看準此點而養成在夾縫中求生存求發展，這就是第二個隱憂的特徵。

(3)追求近利

所謂「追求近利」，就是沒有從長遠的角度上思考，他們最重要最擔心的是我目前可賺到多少錢，其次才是我賺到的這些錢怎麼可以讓我的員工來分享。

(4)缺乏作業系統與制度化

企業本身不會有問題，因為企業用了人以後就會有問題，所以企業最頭痛的不是生產或存貨的管理，不是財務沒錢有沒有的問題，是在人的管理上，這是企業最難處理的問題。員工能不能主動的完成其任務，這是值得探討的。

(5)員工薪資問題

這是任何企業都會遇到的，而應給員工多少待遇才合理正確的，才能讓員工滿意，給高我不主張，給低又聘不到員工。其實多少待遇才是最好，這是見人見智需很技巧的處理問題。

(6)權責與分工不清楚

現在的企業中存在著一些事沒有人去做，或則在發生問題追究責任時彼此推脫說這不是我的事是某君做的，而某君又推說是某某君做造成的，而某某君說這不是我的錯誤是一開始大家討論的並沒說誰去負責。換句話說，當有過時大家推，有功時大家相互邀功，這就是權責劃分不清所致而帶給企業領導者的煩惱，在每次碰到問題時，不知該找誰來負責，雖然在企業體中有明顯的組織架構,但是就是找不到能够真正去擔當的人。

⑺管理方法紊亂不統一

管理者喜歡囫圇吞棗。比如,一聽到日本式終身雇用制不錯就希望公司員工能有終身就職的心態,採取終身雇員或許您面臨到退休金龐大的問題,但以大多數企業目前要給予員工退休金的企業體總共還不超過 6%,根據經濟部的統計,多數企業經營 30 年以上的還不到 4%,所以,現階段退休金未造成直接嚴重的問題。因此,許多經營者就盲目引用終身制。道聽途說未經評估就實施了走動式管理卻讓員工一天到晚找不到主管。在照單全收的實施各種管理體制方法下,卻讓原公司的制度紊亂,造成員工無所適從。

2.利潤中心的好處

在瞭解了以上企業存在的隱憂後,我們更進一步的來說明「利潤中心制度」實施的好處:

⑴減輕經營者負擔

當我們實施了「利潤中心制度」以後。一切的單位也好,企業體也好,所有的定理皆為自由化了,人員會在意其貢獻與回饋。因此,凡事會主動對自行的決策負責,那麼,對一個經營者來說,負擔就減輕了。

⑵決策的正確性

通常未實施「利潤中心制度」的企業體往往會出現一個現象,當部屬處理事務時比較不會立即對上級報告,或則問題未經過濾處理就反映上去,上級得到的訊息就繁雜零碎,而影響到決策的正確性。「利潤中心制度」的實施,則所有的成員會因權責的關係,在執行一事前,就會考慮其可行性,不冒然實施,

所得到的訊息也會經過濾篩選判斷可靠性才呈報上級裁決，故所做的決策才會正確。

⑶ 建立目標意識

在現階的企業管理過程中，頭痛的就是企業內成員沒有目標意識感，換句話說，職員在處理日常事務，但是到底處理到怎樣程度狀況才算好？沒有目標意識的人，當主管責備其時，部屬往往會不以爲然，因爲部屬都會認爲他已例行在處理事務，並不是沒做。所以，應有「目標管理制度」很清楚的訂定目標，告訴部屬應該做何事，做到何階段，這樣部屬才能明瞭從事。有了目標管理，企業體成員皆能依所定目標按期行事，經營者就不必時刻跟催部屬。

爲進行「目標管理制度」，最好將目標付之爲表格書面化，讓行事及管理之目標都有依循根據，並具有主管與部屬之雙向溝通功能，部屬可透過書面自主管理規劃工作目標，而主管亦可於書面中給於建議及指導，並追蹤其工作責任。「利潤中心制度」就是要建立我們這樣的「目標意識與管理。」

⑷ 產生激勵

「利潤中心制度」除了達成部屬的自我管理，另外，還會養成人員的自我激勵作用。比如，因實施「制度」，企業其成效會好，一切的出發點及對工作付出之努力貢獻皆爲企業利益，其創造的利潤部份提出讓員工分享。藉此，激勵員工創造更多的利潤，對企業本身反會受到更多的利益。

⑸ 推進工作效益

不管實施的「利潤中心制度」，爲何種形態，成員一定會去

考慮其毛利、費用，收益關係性，而使自己在同樣的工作時間中獲得到更多的效益。

以推銷員爲例，同樣每日花 8 個小時工作去拜訪 15 家客戶，但新的推銷員或許會跑到所在客戶樓前將所在公司名稱抄下來回去寫報告用，他怕登門拜訪遭挫折，但是公司規定的每日卻須拜訪 15 家客戶只得用如此方法了。所以這樣的情況您能期望他有多少效益產生呢？實施了「利潤中心制度」就不致如此無效益了，他們則會自動自發爲中心及個人的利益而硬著頭皮去拜訪客戶。

⑹產生明日的經營者

在任何的企業體裏都必須去培養未來的「接班人」，經營者不可獨裁式的任何經營權都抓在手上，這將會使部屬成爲「過去的忠臣，今日的庸才」的狀況。您必須培養明日的經營者隨時爲企業的成長擴大做好備才，在人力資源發展觀念，您要給予部屬成長的機會，不懂用人的經營者將是忙碌無效益。而「利潤中心制度」授權讓成員自主負責，就是培養明日經營者的方法，再加上經營者適宜的激勵，企業不需擔心無後繼之人了，經營者就可以無後顧之憂的去思考如何將企業擴大或多角化經營及未來的發展方向。

二、利潤中心的行銷總監工作項目

大多數現代企業在利潤中心制度下，行銷總監的工作專案常常是以下幾種：

1.任務

秉持公司的經營理念，負責本單位企劃銷售與服務事宜，並依照公司經營政策、計劃及其目標，以自主經營爲原則，在所轄區內括銷本公司商品，並對客戶提供最滿意的服務，培養同仁樂意的工作環境，以順利達成本單位之各項經營目標。

2.主要職責

(1)執行本部門所轄區的一切經營商品的銷售及服務事項，以提高本公司產品在該區市場佔有率，並建立良好的關係和售後服務，確保客戶滿意。

(2)依據公司經營計劃，配合公司總目標，制定本部門的工作目標，並隨時予以追蹤控制，以確保目標之達成或超越。

(3)負責本部門內各項資產之維護，各項收支之審核與費用之控制，以及商品零件之管理控制。

(4)劃分本部門各銷售人員的營業轄區，建立轄區客戶資料，並培訓各職員銷售應對技巧，貫徹營業管理辦法，以達成人力基本產值。

(5)彈性劃分本部門內各服務人員的服務轄區，並充實其技術能力，使其能圓滿達成服務的任務，並須督導抽查其服務作業，以提高轄區內之服務風評。

(6)觀察所屬轄區市場之變動，購買形態之改變及其同行競爭情況並分析與擬定對策，達成壓倒性的第一市場佔有率。

(7)注意部屬未收款狀態並協助其信用調查工作，必要時應協助其帳款之催收，以確保帳款的安全。

(8)運用有效的領導方法，激勵部屬並隨時施以機會教育，

提高工作效率，督導部屬依照工作標準有效執行其工作，確保產值之達成。

(9)與人事部門配合，有計劃的培養，訓練所屬人員及篩選儲備中堅力量人選，重視領導統御，關心部屬，穩定人員，累積經驗，提高產值。

(10)加強部屬間工作心得之交換與傳授，促進工作間聯繫與配合，融洽工作氣氛，培養合作精神與團隊合作之向心力。

(11)培養所屬同行全商品知識，利用機會，推介全套辦公室自動化系統，以達成立體銷售目標。

(12)依據同仁考核獎懲辦法，審慎辦理所屬人員的考核獎懲升降等事項，並力求處理之公平合理。

(13)建立公共關係，積極開發轄區公家機構市場，並與轄區內本公司經銷商密切配合，建立轄區之領導地位與良好聲譽。

(14)加強重點地區的經營，降低營運成本，減少人力浪費。

(15)供應品的銷售為經營重點之一，依規定促成有關人員主動查訊用量以增加供應品銷售擴大市場佔有率。

3.工作重點

(1)營業方面

①營業人員（主任）活動量，按轄區特性每人每天不得少於基本數。

②營業人員（主任）應認識至少表演 3 次才能成交 1 台的實證結論，並至少每週表演 3 次。

③營業人員（主任）有望客戶每人至少應隨時保有 20 家。

④營業人員（主任）應建立完整轄區客戶資料，並貫徹執行

老客戶歸隊行動。

⑤部門主管應隨時掌握旬進度追蹤表，並貫徹銷售工作重點，達成單位目標。

⑥營業人員(主任)工作績效表應確實填寫，由當事人自我評價、並經主管核閱。

⑵**服務方面**

①重視維修時效，並依規定實施定期保養作業。

②在合理收費標準下，爭取服務收入及合約保養。

③面對顧客意見，積極的處理並解決問題。

④按日確實查核服務人員日報表，並分析追蹤服務問題，提高服務信譽。

⑤統計月印量，重視服務卡的品質與內容，掌握供應品市場。

⑥待料待修機，應於最短時間內處理完畢。

⑦加強零件使用之查核與管制。

⑧實施服務技術升級教育與技術心得撰寫。

⑨利用服務機會，向客戶介紹公司商品，提報有望顧客，以確保提高市場佔有率。

⑩檢查估回舊機之價值與機況的相符，避免虛偽估機。

⑪不定期查核售後服務品質，確實做好防衛工作。

⑶**管理方面**

人事：

①對所屬人員應加強關懷輔導，穩定人力累積經驗，提高產值。

②加強人才培養，並隨時推薦適當人選，提報人事部門考核與篩選，列入儲備幹部名冊，實施培養計劃。

③嚴格控制編制數，凡超越營業平均人力產值，且有市場需要之部門，才准簽報擴編。

會計：

①每月填制「營業費用統計表」（利潤中心損益績效評核表），並加以比較分析，預計與實際上費用差異，擬定有效對策，以控制費用支出。

②每週不定期檢查各員之發票簽收單，人名別應收帳款明細表，並對過期帳款與問題票據列為追蹤管理重點。

③對於每筆交易及帳款，需瞭解其真實性，以避免不實銷貨，並維護帳款安全。

④每筆費用之報支，需有合法憑證，以求帳實相符。

倉管：

①每月 15 日前填制「月份機器及供應品訂貨表」，向倉庫部門訂貨。

②每月不定期盤點庫存之數量與機況。

③嚴禁已交貨未開發票，或已開發票未交貨的現象發生。

④試用機應取回客戶的簽認之憑證。

總務：

①對生財器具應妥善維護建冊列管，依規定許可權辦理報廢與請購。

②維護展示中心及其工作環境的清潔。

③有關防盜、防火、消防等安全設施之維護。

表報：

①表報資料提報需注意時效（準時）及品質（正確）。

②依規定銷毀過期資料，建立表報資料之檔案管理，並予有效運用。

4.其他例行工作項目說明

⑴項目：目標制定

注意事項：

①部門目標的制定，應根據本部門過去的經營資料，目前情勢及今後可能的發展，和所屬幹部研究構造，確定人員編制，依據公司年經營計劃與人力基本產值，分別就市場、服務、人力、利潤、資金等五項制定部門目標。

②爲達成所制定的各項目標，應擬訂慎密可行的計劃及執行措施，並使其明確化，數位化，並注意時效進度。

③執行中，應隨時注意部屬、市場環境、同行競爭之變化因素，並做必要的修正，其有涉及政策性或超越本身許可權者應立即呈報。

④應灌輸並督導部屬，注重上旬即達成目標進度的觀點。

⑤重視利潤中心經營管理手冊，以瞭解各項目標平衡性發展。

⑵項目：營業服務人員表報

注意事項：

①營業服務主任及營業人員日報表，均應當日提出，核閱後，填制主管日報表，並應查核主任與所屬人員所填資料是否有差異，並主動追查其原因。

②須特別注意，目標達成率與售價比率，確實掌握目標進度，以防止爲達到目標進度而過度或連續低價銷售。

③部門主管應妥爲控制售價比率與票期長短，並權衡運用，以期每爭必勝，並達成市場目標。

④機器維護、保養、耗材、供應品等使用狀況，均應切實記載，以爲機器狀況之參考，尤其是故障情形，更應特別注意。

⑤每月月初詳細核閱營業人員(主任)、服務主任績效分析表，以及服務人員月報表，針對缺失要求改進。

⑶項目：**銷售基本作業**

注意事項：

①隨時注意並要求營業人員的活動量，表演次數、有望客戶數、重視銷售過程。

②每月應於月底做月份活動量統計分析表，並採取有效因應對策。

⑷項目：**有望客戶提報**

注意事項：

鼓勵部屬人員主動發掘有望客戶，填報有望客戶卡，成交後應將客戶及成交機種完整資料整理歸檔，瞭解銷售狀況及客戶特性，作爲日後競爭之參考資料。

⑸項目：**客戶一覽表**

注意事項：

營業人員須與服務人員配合，依客戶一覽表上所載客戶詳細資料，做好售後服務，不但創造再銷售機會，而且可以掌握供應品耗材等耗用品之銷售與合約保養之招攬。

⑹項目：**轄區本牌客戶**

注意事項：

督導營業人員確實建立轄區本牌客戶名冊，並名冊予以有效運用，妥善保管，異動時列入移交。

⑺項目：**公家客戶資料**

注意事項：

公家機構應指定專人負責，並應建立客戶關係表與每年預算資料，確實掌握公家市場。

⑻項目：**人力結構**

注意事項：

①調整人力結構、配合市場需要，保持合理之營業、服務編制。

②應培養營業人員簡易維護與獨立交際之能力，減少人力浪費，增加效率。

③應與服務部加強聯繫，隨時吸收服務知識，瞭解服務作業情形，實施服務技術交流，改善服務品質及時效，以博取更佳之服務信譽。

⑼項目：**重點市場經營**

注意事項：

①對於重點地區主要市場應採精耕政策，建立良好的客戶關係，長期培養有潛力客戶。

②對於邊遠地區，銷售成本高之市場得透過經銷，以降低銷售成本，提高人力產值，並保有市場。

⑽項目：**市場分析**

注意事項：

①隨時注意收集同行資料，予以整理分析，以充分瞭解同行在所轄區域的動態和推銷能力。

②商品性能及客戶反應等資料，以便研究有效政策，並將收集到最新情報迅速提供總公司通知所有銷售區域。

⑾項目：**免稅交易作業**

注意事項：

①如認為客戶可進行免稅交易，填合約申請書呈上級核示，如客戶有特殊的要求應註明。

②上級核准後，即可與客戶簽約，並開立發票交機。

③準備進口免稅申請書，及進口用品明細表，五式五份送客戶辦理免稅令。

④客戶於辦得免稅令，轉交利潤中心後，利潤中心應將該免稅令合約書及客戶之承諾書，寄送貿易部以為辦理結匯報關免稅之用。

⑤客戶如於約定之辦理免稅令期限未能辦妥免稅令，則得向其要求補足一般售價與免稅價格之差額。

⑿項目：**公家機構投標**

注意事項：

①應注意公布之規格及招標須知內容和時限。

②隨時保存招標所需有效證件，如經濟部公司執照。省(市)政府營利事業登記證、同業公會會員證、國稅局及稅捐征處之有效納稅卡。

③軍事單位採購更應有軍品採購證。

④獨家議價則需總代理證明,進口成本資料(可事先向貿易部索取)。

⑬項目:旬進度追蹤表

注意事項:

①各級營業人員(主任)、組、利潤中心,於每月 10 日、20日填寫旬進度追蹤表,對未達預定目標進度者,應擬訂對策。

②檢討落後原因,並商研擬定補救對策,此時須確實注意其可行性。

③配合教育訓練計劃,予績差人員重點輔導,協助其克服銷售困難,鼓起再奮鬥意志,達成目標。

⑭項目:聯絡函

注意事項:

各部門或各部門與總公司間聯繫事項,均須核閱,並責成有關人員登記收發,並追蹤執行回復。

⑮項目:同行情報收集

注意事項:

①有任何不利於公司之同行行動,均應尋求對策,並報告上級主管。

②凡有利於公司之情報,均可用來做促銷工具,並將之匯總,呈報上級主管參考。

③如發覺有同行銷售本公司代理之商品時,應注意設法取得下列資料反饋給總公司。

a.機號。

b.機型。

c.客戶名稱及地址。

d.向那家同行購買。

④凡遇特殊競爭情況，必要時提報總公司，做必要的支援配合。

⒃項目：**利潤中心績效評估表**

注意事項：

①由各部門主管親自填寫，並於次月 5 日前提效率核表出。

②注意目標達成率與人力基本產值的達成，更須注意每人平均獲利額，重視人力產值的觀念。

③針對未獲利專案，填寫分析表。

⒄項目：**服務收入**

注意事項：

①查核服務收入報告收費標準是否合理。

②服務收入目標進度追踪。

③合約保養收入，應達服務收入的 1/2 以上。

④鼓勵服務人員，利用服務機會，向客戶介紹商品。

⒅項目：**供應品的掌握**

注意事項：

PPC 客戶資料的運用與管理，重視紙張。供應品的銷售，每月統計分析影印量、切實掌握供應品市場。

⒆項目：**服務成本平衡**

注意事項：

樹立服務成本觀念，平衡服務成本，服務雖不以營利為目

的，但須維持成本的均衡。

⒇項目：保養作業

注意事項：

①合約保養部份是否依合約按時前往。

②如屬收費保養，則依建立的客戶一覽表，主動追踪瞭解服務人員，積極爭取服務收入情形。

③蔚成合約保養招攬的風氣，確實履行各項合約義務，以有效掌握客戶促進再銷售的機會。

(21)項目：叫修作業

注意事項：

①每日上午應確實查核服務單位上的叫修、保養、嚴禁虛假填報。

②客戶叫修或叫供應品作業，須依地區情況，自行訂定服務時效。

③按叫修客戶電話去電抽查服務狀況。

④如機器需運回或送總公司時，除須詳填寫有關單據外，並應查明原因。

⑤待修待料明細表，須查明原因，謀求改善方法。

⑥主動安排教育，提高技術水準，減少回送或待修的情況，改善服務時效。

(22)項目：客戶問題處理

注意事項：

①客戶有任何問題，不論合理與否，均應主動妥善解決。

②建立良好的客戶關係，以奠定良好的市場基礎，創造再

銷售的機會。

　　③接案與結案日期需確實填寫，並責成負責人員按日寄回服務部。

　　④詳細查核客戶簽章，並主動與客戶保持聯繫，瞭解狀況。

　　⑤接函或接電後，需按規定於此日下班前回報處理情形。

(23)**項目：零件作業**

注意事項：

①每日瞭解零件耗用情形，並抽查耗用原因

②銷貨報告、供應品耗用單、進出貨憑單及零件領用月報表等作業文件，均需詳細核對所列數位是否相符，以瞭解實際庫存量。

(24)**項目：機器送修作業**

注意事項：

①送修機器之進出得按實際狀況填寫於機器進出登記簿。

②送修機器需懸挂修護卡。

③寄送服務部修護的機器應追蹤處理狀況。

④每月月底須將未能處理完畢，待修待料機器填制待修待料機器月報表，送服務部作爲參考以謀對策。

⑤一週以上未能處理完畢的機器須仔細填報並註明原因。

(25)**項目：商品進出控制**

注意事項：

①對已開立發票未交貨或已交貨未開立發票及外試者，應特別注意查明原因，並於月底提報。

②銷貨退回的商品，應標對機號、附件、外表及內部機件，

並責成負責人員核定折舊損耗等專案，如有零件缺少或被損者，應依賠償規定辦理。

③如屬隔月銷貨退回，須責成經辦人填寫銷貨退回申請書詳述原因、責任並核對機器折舊、損耗等內容。

④對領出時間過久仍未返倉庫的商品，應深入瞭解遲延原因，並注意其手續是否依規定辦理。

⑤各項商品應以先進先出為原則出貨。

(26)**項目：估機**

注意事項：

確實遵守公司之估機規定，並檢查價值與機況的相符，避免虛報。

(27)**項目：帳款控制**

注意事項：

①對各員未收款、應隨時抽查，對過期帳款更應查明原因。

②收回帳款若有異常情形，應查明原因並責成經辦人填寫票據來源說明書、背書並記載全銜，並依規定由權責查明無誤，並簽署後始得銷帳。

③每筆未收款項都應附上內容證載詳細的統一發票簽收單，若無簽收單或簽收單要件記載不全者，應即查核糾正。

④如遇到倒壞帳事情，應視金額大小呈報主管依賠償辦法賠償。

(28)**項目：費用控制**

注意事項：

①組員各項費用報支均應親自審核，再轉呈權責主管批示。

②燃料費應設冊登記每從每月領用情形，以瞭解活動量，地區是否一致，防止浪費和虛假。

③其他可控制的費用，應隨時注意分析比較。

⑵項目：**離職**

注意事項：

①若有異動應予懇談，對於有潛力的人員，應視需要呈請上級主管協助挽留，離職面談後，應即將資料記錄於「離職人員審查表」後轉呈上級主管。

②一般性離職應按規定 15 日前提出辭職報告書，並經總公司主管約談核准後，憑以辦理離職手續，特別應注意其經手而未處理完畢的事務和帳款。

③離職證明書應待離職人員辦理完畢各項手續且無違規問題時方可發給。

⑶項目：**新員招考**

注意事項：

①新員增補應事先依編制需要填報「人力申請單」，呈核後統一由人事部公開登報，並由部門自行招考。

②面試時應注意應徵人員所填寫的各項資料真實性。

③應明白告之應徵人員工作性質和內容。

④注意面試地點的環境和氣氛，要使應徵人員有親切，被尊重的感受，而認為本公司是一個有組織、有制度、有活力、有前途的大企業。

⑤遵守公司的用人規定，嚴禁引進親友，以免造成管理困擾。

⑥對錄取新員的資料應於報到前繳交齊全，並詳加核對，分公司並應先行對保後才將資料寄回。

⑦新員到職後，應依「人力培訓作業規範」有關規定，予以有計劃的輔導，訓練、並適時做嚴格的考核。

(31)項目：**出勤管理**

注意事項：

①對經常遲到人員應注意其私生活。

②請假單應按許可權層呈核准。

③除非突發事件，均應事先向直屬主管請假。

(32)項目：**教育訓練**

注意事項：

①每月應提報月份在職訓練內容，時間由部門主管依實際情況決定。

②課程安排和教材內容，應注意受訓人員的素質和程度，並要顧及市場環境的變化，期保持有效性。

③訓練方式不一定一成不變，以增加受訓人員的學習慾。

④特別注意獨立作戰能力的培養。

⑤應充分提供同行資料與競爭對策，以確保每爭必勝，加強信心。

⑥針對日後經營重點，加強資訊商品教育。

⑦有計劃儲備幹部，隨時主動提報。

(33)項目：**早會**

注意事項：

每日舉行早會，檢討昨日工作得失，並安排規劃今日工作，

激勵高昂工作士氣。

㉞項目：會議

注意事項：

①每月月初應召開月會，針對上月部門經營得失檢討，並布達月份之目標與措施。

②每週要求各組召開週會。

③會議應作事先準備，須有主題，不開無謂的會議。

㉟項目：考核

注意事項：

①計劃執行之初宜對人、時、地及相關事務作一個檢討分析，以確保目標之順利達成。

②計劃執行中，應隨時注意目標之進度與追蹤其績效。

③每月月底應對本月份經營作一考核，對績差專案應徹底檢討並提出具體整改意見。

心得欄 _____

_____

_____

_____

_____

_____

第 九 章

行銷總監的管理心態

一、銷售方格理論

以提倡「管理方格」理論而聞名於管理學界的美國布列克教授(Robert R. Biake)和蒙頓教授(J.S.Monton)近年來又在各地倡導另外一種新的推銷技術——「推銷方格」(Sales Grid)，這種技術被譽為是推銷學基本理論上的一大突破。這種理論以行為科學為基礎，著重研究推銷工作與顧客之間的重要關係，可以使推銷人員更清楚地認識，開發自己的能力，也可以幫助推銷人員更進一步瞭解他的推銷物件——顧客。及掌握顧客的心理特徵。

推銷工作的最終任務是盡力說服顧客，達成交易。在具體的推銷活動中，有三個基本的要素，即：營業員、推銷物件(顧客)和推銷物(產品、服務或觀念)。在推銷過程中，上述三個要素不是相互影響的，其中任何一個要素都會關係到推銷工作的

失敗。

　　當一個推銷人員在進行推銷工作的時候，至少有兩種念頭會存在於心中：一個念頭是想到如何達成銷售任務，另一個念頭是想到如何與顧客建立友善的關係。例如說甲向乙推銷洗衣機產品，甲當然希望能夠把這台洗衣機賣出去，但是另外一方面他也希望能夠讓顧客留下一個很好的印象。在推銷工作進行中，追求這兩個目標的心理願望強度是各不相同的，前一個念頭所關心的是「銷售」，後一個念頭所關心的是「顧客」。這兩種念頭的強度有時候都很高，有時候則可能一個比較高，另外一個比較低。因此，這兩個目標不同程度上的組合，便形成不同的推銷心態。假若將這兩個不同的概念以縱橫兩軸來表達，所得的圖形就是「方格理論」了。

二、你的銷售心態

　　布列克和蒙頓從推銷學角度出發，將「推銷方格」，用一個平面坐標系中第一象限的圖形來表達。如圖 9-1 所示。

　　圖中的橫坐標表示銷售員對銷售關心的程度，縱坐標表示銷售員對顧客關心的程度。橫坐標和縱坐標的座標值都是由 1 到 9 逐漸增大，座標值越大，表示關心程度越高。

　　圖中的各交叉點，代表各類銷售員的各種不同的推銷心理狀態。布列克和蒙頓利用這個方格把銷售工作者的心態分為五種類型。

圖 9-1　推銷方格理論圖

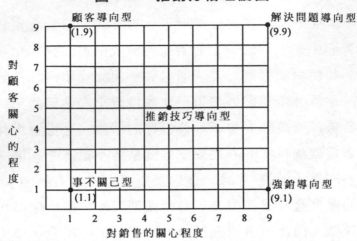

銷售與顧客是相連在一起的，不同的心態導致不同的結果，分述如下：

1. 第一種是 1.1 型

這種心態名之爲「事不關己型」（take it or leave it）。顧名思義可以知道這種人既對顧客不關心，也對銷售不關心，完全抱著「要就來買，不買就拉倒」的態度，他們對工作缺乏強烈的成就感，對顧客的實際需求漠不關心，對公司的推銷業績也毫不在乎。在進行銷售訪問時，他們對顧客的決策絲毫沒有半點推動力，故在整個銷售過程中貢獻甚少。我們經常可以在一些商場發現，客人來了也不打個招呼，仍圍坐在一起排龍門陣聊天，賣東西時又表現一幅不耐煩的樣子，好像純粹是一件花瓶放在那裏做擺設而已。

企業體制的陳舊往往是這種人的溫床，沒有適當的激勵措施和獎罰制度，銷售員缺乏進取的精神。打破舊體制，建立一

套完整的獎懲制度，鞭策與鼓勵銷售員上進才是明智的選擇。

2.第二種是 1.9 型

這種心態名之爲「顧客導向型」(people oriented)這種人自認爲是顧客的好朋友，認爲做生意要處處順著顧客的心意，與顧客保持良好的關係，讓顧客留下一個好的印象。這類銷售員只關心顧客，不關心銷售，更不注重獲取訂單，他們認爲有了這種良好的關係，即使生意做不成都沒有關係。有時會天真地想，現在做不成生意並不重要，生意將會慢慢地來。事實上，假若擁有這麼多友好的顧客朋友一旦退休或轉職或轉向其他能滿足他們的供應商時，雞飛蛋打，只留下一堆泡沫而已。

3.第三種是 9.1 型

這種心態名之爲「強銷導向型」(push the product oriented)。這種人剛好與顧客導向型相反，只知道關心推銷效果，而不管顧客的實際需求與購買心理。達成銷售任務是他最關心的焦點，他具有較高的成就感，「成就慾」處於上風，爲了證明自己的推銷績效，千方百計說服顧客達成交易，他們常常向顧客發起強大的攻堅心理戰，積極地向顧客進行推銷，並且不斷向顧客施予購買壓力。這類型的人員，攻堅能力是很強的，在與顧客週旋之際，他們會以豐富的知識專業的技能作武器去壓倒同行競爭者，取得成功。假若顧客對競爭者的產品已具有好感時，顧客通常是不會欣賞這一類推銷員的作風的，他對顧客的不關心和尊重不會長時間贏得顧客的好評的。

4.第四種是 5.5 型

這種心態稱之爲「推銷技巧導向型」(sales technique

oriented)。這種人比較踏實,而且能認清現實環境,既關心推銷效果,也關心顧客,預測市場趨勢能力很強,他們清楚地知道一味取悅於顧客未必能達成銷售,而一味的強銷也可能反而引起不良後果。他們往往事前作準備,研擬一套完全可行的推銷技巧與方案,穩打穩扎,四平八穩,力求成交,並且要從日常工作中吸引經驗,從經驗中吸引教訓,以求長期順利的達成銷售目標。

這種人是比較沈穩,思想細膩,做事舉一反三,既不願意丟掉生意,也不願意丟掉顧客,當他們與顧客意見相左時,他會採取折衷的方法,以和為貴,儘量避免出現不愉快的情況,以便以達成目標為目的。總體說來,這類銷售員在產品知識上僅足以應付一般的銷售情況,對競爭者的知識僅略知一二,因此,這一類型的推銷工作者往往能指出競爭者產品的缺點,否定競爭者產品的優越性,但在指責別人不足之時,也忽略了自己產品的所具有的同樣的缺點,隨著時間推進顧客往往會迷惑不解,不會取得長久的效果。

5.第五種是 9.9 型

這種心態名之為「解決問題導向型」(problem solving oriented)。這種人會探求顧客的需求。研究顧客的心理,認識顧客的問題,然後運用自己所推銷的產品,來為顧客解決問題,並為公司達成銷售任務。這種人關心顧客,也關心推銷效果;既尊重顧客的購買人格,也關心顧客的實際需求,而且還能夠把兩者結合在一起,借著銷售的達成來使顧客獲得最大的滿足。

這類型的銷售員工作積極主動,但又不強加於人,他們善

於研究和掌握顧客的購買心理，發現顧客的真實需求，然後有針對性的推銷，利用自己所推銷的產品或服務，幫助顧客解決問題，消除煩惱，同時也完成了自己的銷售任務。當雙方意見發生分歧時，這類推銷員會盡力提出理由並一起針對事件進行研究，以期獲得有關資料和最後找尋解決的方法，他很少發怒，並具有幽默感，明白知識對說服別人的重要性，他經常學習上進，並善於對事物仔細分析，深入探研有關產品的品質。他們經常協助顧客作出精明的購買決策，而這一決策長期會給顧客帶來最大的利益。他會與顧客一起工作，找出最能令顧客滿意的服務和產品。

這種推銷員最理想，是企業的中堅力量，是銷售隊伍的生力軍。

三、顧客的方格理論

要把產品轉變成利潤，就必然與消費者(顧客)聯繫，你既然瞭解了自己是那一類型的銷售員，對自己的長短之處都有明顯的瞭解，但你在與顧客打交道中，你還需進一步瞭解顧客的心態，即使你的推銷能力再強，但也存在著影響顧客的購買決定的因素，如果你瞭解這些因素，再針對這些因素相應攻堅，那麼你的顧客群體也越來越大，業績也會越來越高。一般常見影響顧客購買決定的因素有如下幾種：

1. 存在購買決策權嗎

銷售人員一定要尋找那些有權購買的潛在消費者。但在現

代的企業中，誰具有一項產品購買的決策權是沒有確定的，如果普通的產品企業中的採購部門主管就有權決策；但是如果該產品擁有技術優勢很高，採購部門就無法拍板，技術部門主管的決策權要大一點。所以，沒有一成不變的方法用來確定誰是關鍵的決策者。比如，有些銷售人員直截了當的問顧客「你有決策碼？」「還有誰會決定對該產品的購買？」通常具有購買能力的顧客會更留心注意你的推銷，但是，具有購買能力的顧客未必表示會購買你所推銷的產品或服務，因此，我們還要看顧客有沒有購買產品決策的權力。

2.顧客對產品知識的差異

由於產品資料的多渠道來源，產品知識介紹亦有很大的差異性，顧客對產品的認同感也有所扣解；若顧客同時清楚認識競爭者的產品，則他可能也同時在比較你的產品和競爭者的產品的優劣之處；若顧客對產品十分瞭解，有可能對產品十分喜愛或者十分憎惡；若顧客對產品完全沒有認識，有可能令顧客對產品完全不感興趣。

3.顧客對產品的期望

若銷售人員提供的產品能滿足顧客的需求，那麼他會對產品有較高的期望；反之，他的期望便會降低。

以上這三種因素是影響顧客決定購買時的重要因素，假如這幾種因素都呈現良好的狀態，則顧客基本上認準了你的產品而準備購買。所以此時的銷售人員一定要把握好機會，在操作運用中，可以協助顧客瞭解他有能力購買你的產品，試驗顧客是否決定了購買的慾望，保證你所提供的產品無論在價格上還

是在性能特徵上確實與他的期望一樣。這時，就需要銷售人員具彈性和創造性，從上面所介紹的「推銷方格」中領悟到其中的精髓，因此，除了要瞭解自己的推銷心態外，也要研究顧客的心態。

　　一般來說，顧客對待推銷活動的看法分爲兩個主要方面：一是顧客對待購買活動本身的看法；二是顧客對待銷售員的看法。當一個顧客從事實際購買行爲的時候，他心裏至少裝有兩個明確的目標，一是希望與銷售員討價還價，希望以有利的條件達成交易，二是希望與銷售員建立良好的人際關係。在具體的購買活動中，顧客追求這兩個目標的心理願望強度也是各不相同的，有時候，這兩個目標是一致的，有時比較注重追求其中的一個目標。當然，銷售員的心態和顧客的購買心態也不是一成不變的。

4.顧客的心態

　　圖是根據以上所介紹的理論在實際購買活動中顧客的兩個具體目標，依照推銷方格的方法，建立起另外一個方格，這就是所謂的「顧客方格」。

　　顧客方格圖中的縱坐標表示顧客對推銷員關心的程度，橫坐標表示顧客對購買關心的程度。縱坐標和橫坐標的座標值也都是由 1～9 逐漸增大，座標值越大，表示顧客對推銷員或購買行爲關心的程度越高。

　　在這個方格中所交繪出來的各個點，就代表著採購者的不同的購買心態，這些購買心態大致也可以分爲五種類型，具體如下：

圖 9-2　顧客方格圖

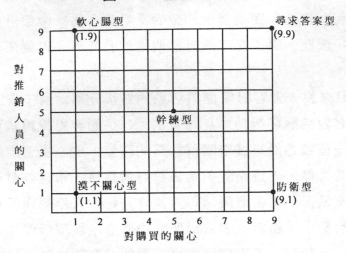

1.第一種是 1.1 型

這種心態名為之「漠不關心型」(Concerned careless)。
這種人不但對推銷員漠不關心，對其購買行為也不關心。這種
人經常在逃避推銷人員，視之如猛獸，對於購買行為也不敢負
責，怕引起麻煩。他們一般都是受人之命，自己沒有購買決策
權，只做一些詢價或搜集資料等非決策性的工作，他們往往把
決策權推給上司或其他人員。

2.第二種是 1.9 型

這種心態名之為「軟心腸型」(Pushover)。這種人心腸特
軟，對於銷售人員極為關心，當一個銷售人員對他表示友善好
感時，他總是愛屋及烏說他推銷的產品不錯。但他們對購買行
為則不太關心，這種人極易被推銷員說服，他們可能會誇大自
己對產品的興趣或期望，以免令推銷員失望或不安，他會坦白

承認自己對產品的瞭解不深，並認爲銷售員對產品的見解具有獨到之處，這類顧客最容易接受意見，這種顧客經常會買一些自己很可能不需要或超過需要量的東西。

這類顧客重感情，具有人情味，比較輕理智，他們對於推銷人員的言談舉止十分在意，但對於購買本身却十分馬虎，他們對銷售現場氛圍十分敏感，對產品本身興趣不多，這種顧客往往容易感情用事。產生這種購買心態的原因很多，多半是由於顧客同情推銷員的工作，也可能出於顧客的個性心理特徵。

3.第三種是 9.1 型

這種心態名之爲「防衛型」(Defensive purchaser)。這種人的心態剛好與「軟心腸型」類顧客的心態剛好相反，他們對其購買行爲高度關心，但對推銷人員却置之不理漠然處之，甚至採取敵對態度。在他們心目中，推銷員都是些靠不住不誠實的人，他們認爲，對付推銷員的方法是精打細算先發制人，絕不能讓推銷員佔便宜，他們會以一定的方式暗示競爭對手可給予更低的價格，還會表現出他對產品本身十分瞭解，不可以依人任意擺布，一幅聰明十足的樣子。

這類顧客一般缺乏獨立見解，優柔寡斷，人云亦云。傳統的偏見，固執的認爲推銷員都是些耍嘴皮子不幹實事的人，本能的表示反感。他們拒絕推銷，並不一定是因爲他不需要所推銷的產品，而是他根本就不能接受推銷員所進行的推銷工作。

4.第四種是 5.5 型

這種心態可稱爲「幹練型」(Reputation Buyer)。這種顧客常常根據自己的認識和別人的經驗來選擇廠牌、數量。他們

既關心自己的購買行爲，也關心推銷員的工作，這種顧客比較
冷靜，每一個購買決策都經過客觀的判斷。這種顧客即尊重推
銷員的人格，也竭力維護自己的購買人格，他們既重感情，也
重理智，他們願意聽取銷售員的意見，但又不輕信推銷員的允
諾，既不拘泥於傳統的偏見，虛榮心較強，比較自信，容易隨
著潮流流行風走。

5.第五種是 9.9 型

這種心態可稱之爲「尋求答案型」(Solution purchaser)。
這種顧客在決定購買之前，早已就瞭解自己需要什麼，他所需
要的是推銷員本身能夠幫助他解決問題。他們善於獨立判斷，
不輕易廣告宣傳，不輕信推銷員的允諾，他們非常瞭解市場行
情，能夠對推銷員及其所推銷的東西進行客觀的分析，當機立
斷作出購買決策，積極與推銷員合作，如果遭遇問題，也會主
動要求推銷人員協助解決，並且不會做無理的要求。

具體來說，這種類型的顧客是真正最成熟的購買者，對於
這種顧客，推銷員應該認真分析其問題之關鍵所在，真誠爲顧
客服務，幫助顧客解決實際的問題，這樣，既可以提高推銷的
工作效率，又可以滿足顧客的實際需要。

四、行銷總監的成功心態

究竟什麼樣的推銷心態最好呢？從上述介紹中，無可否認
的，是愈趨向於 9.9 型(即：解決問題導向型)心態的推銷員愈
能達成有效的銷售。因此，每一個推銷人員都應該把自己訓練

成為一個「對銷售高度關心、對顧客高度負責」的「問題解決者」，這種類型的心態培養是很重要的。但是，並非只有具備這種心態的人才能達成有效的推銷，因為從顧客方格中的五種類型加以比較，不難發現雖然推銷心態 1.9 型（即：顧客導向型）雖然不太現實，但是如果遇到的是 1.9 型（即：軟心腸型）的顧客，一個是對顧客非常熱心，另一個是心腸比較軟，兩個物件如果是遇到一起，惺惺相惜之下，銷售任務照樣可以圓滿完成。

　　至於那一類型的推銷心態搭配，適合那一種顧客呢？下面列出一個搭配表。下表中「＋」號表示該搭配可以有效的達成銷售任務，「－」號表示該搭配不能完成銷售任務，最後「０」號則表示兩個心態並無相關，該搭配可能達成也可能不達成有效的推銷任務，這表示有效推銷未必是該搭配的後果，其成功的原因可能是由於一些其他因素所影響的。

表 9-1

推銷方格＼顧客方格	1.1	1.9	5.5	9.1	9.9
9.9	＋	＋	＋	＋	＋
9.1	0	＋	＋	0	0
5.5	0	＋	＋	－	0
1.9	－	＋	0	－	0
1.1	－	－	－	－	－

　　所以，顧客方格和推銷方格對銷售員來說，瞭解自己的推銷能力是很有幫助的，倘若你是一位(9.9)型的推銷員，你當然

已具相當高的推銷能力，你在推銷中可能已能很好的達成目標。但假設你不是(9.9)型，你仍可以有很高的推銷能力。當然，不以成敗論英雄這時主要看看你的顧客是什麼樣的心態了。假若你是屬於(1.1)型，那麼你便應自我檢討，重新學習，不斷用專業知識與技能充實武裝自己，力爭更上一層樓。

五、行銷總監的自我檢測

上述五種類型的推銷員都具有不同的特性，你究竟是屬於那一類型呢？為了讓每一個人瞭解自己的心態，布列克和蒙頓兩位教授合編了一份測驗卷，供大家做自我檢測。這份檢測題共分六題，每題後有五個陳述句，請將這五個「陳述句」看一遍，然後在最適合您自己心態的陳述句之前給予 5 分，其次的給 4 分，依此類推，在最不適合自己心態的陳述句前給予 1 分。

下面是這份測驗題：

第一題

A1 我接受顧客的決定。

B1 我對維持良好的顧客關係甚為重視。

C1 我會尋求一種對客、我雙方均為可行的結果。

D1 我在任何困難狀況下都要找出一個結果來。

E1 我希望經由雙方的瞭解與同意而獲得結果。

第二題

A2 我對顧客的意見與態度都能接受，並且避免提出反對意見。

B2 我喜歡接受顧客的意見與態度更甚於去表達自己的意見與態度。

C2 當顧客的意見或態度跟我不同時，我採取折衷辦法。

D2 我堅持我的意見與態度。

E2 我願意聽聽別人不同的意見與態度，我有自己的立場，但是當別人的意見更為完善時，我能改變自己的立場。

第三題

A3 我認為多一事不如少一事。

B3 我支援鼓勵別人做他們所想做的事。

C3 我會提供積極的建議，以使事情的進行順暢。

D3 我瞭解我所追求的，並且要別人也接受。

E3 我把自己全部的精力投注到我正在做的事情，並且對別人的事情熱心。

第四題

A4 當衝突發生的時候，我經常保持中立，並且離開那個是非圈。

B4 我會儘量去避免發生衝突，但是當衝突發生時我會設法去消除。

C4 當衝突發生時，我儘量保持公平與鎮定，並設法找出一個公平的解決方法。

D4 當衝突發生時，我會設法去擊敗對方，贏得勝利。

E4 當衝突發生時，我會設法去找出原因，並且有條理地尋求解決之道。

第五題

A5 爲保持中立，我很少激怒。

B5 因爲會產生情緒干擾，我常常以溫和友善的方法和態度來待人。

C5 在情緒緊張時，我不知如何去避免更進一步的壓力。

D5 當情緒不對勁時，我會保護自己抗拒外來之壓力。

E5 當情緒不對時，我會隱藏它。

第六題

A6 我的幽默感常讓別人覺得不知所云。

B6 我的幽默感主要是爲了維持友善的關係，希望借幽默感沖淡嚴肅的氣氛。

C6 我希望我的幽默感有說服性，可以讓別人接受我的意見。

D6 我的幽默感很難覺察。

E6 我的幽默感一針見血，即使在高度壓力下仍可維持幽默感。

做完上面檢測題之後，請將每一題中，每一個陳述句的分數填在下面的表格中，然後根據縱行的分數相加得分最高的那一行，就是你的推銷心態。

「推銷方格」是一套簡單、有效、實用性強的啓發推銷能力的「百寶箱」。

這一套方法可以幫助每一位從事銷售工作的人員發現自己的能力，矯正自己的缺點，把自己訓練武裝成一個最高效率的「問題解決者」——一位無往不勝的銷售隊伍中的新力軍。

表 9-2　您的推銷心態分數總表

	1.1 型	1.9 型	5.5 型	9.1 型	9.9 型
第一題	A1	B1	C1	D1	E1
第二題	A2	B2	C2	D2	E2
第三題	A3	B3	C3	D3	E3
第四題	A4	B4	C4	D4	E4
第五題	A5	B5	C5	D5	E5
第六題	A6	B6	C6	D6	E6
合計					

心得欄

第 十 章

提升業績的工作秘訣

一、客戶管理

　　企業是以利潤爲前提的，效益的好壞決定了企業未來的發展。那麼，如何提升業績，也是每個企業處在戰略位置的計劃。提升業績的工作方法有許多種，但決定企業命運的方法並不多。下面將全方面的剖析企業在制定提升業績的計劃方案中常用的，比較有實際操作用的一些工作方法，確保企業在競爭激烈的時代中處於不敗之地。

　　不管是大市場還是小市場，其區別就在於是否經常擁有客戶。前者的客戶，也就是不論在何時，不管到何時，都始終如一的與客戶進行著交易；但小市場不同，這與大街上江湖藝人相似，必須每天每日以一個令不同的人爲物件做買賣。對著陌生的客人吃力的從事著銷售工作，不僅辛苦而成果也有限。

　　所謂生意人，就是「永遠不會厭膩」的意思。永遠跟相同

的對手，**繼續保持著交易**。所謂「客戶管理」表面的用意是，在於爲使交易繼續下去，銷售人員該如何做才行？而其真正用意乃在於如何避免使其免於倒閉的問題，使交易繼續不斷的保持下去。

外表看來，積極地留意使銷售更加深入外，第一注意的是別忘記對方過去的恩惠，永遠保持感謝的心意；並且尊敬對方；另外，也許是老生常談，那就是必須注意保持禮貌，進行交易。

第二，爲珍惜未來，須以誠待之。商品就是如此地擁有老客戶，在每次交易時，一點一點的努力，以期獲得更大的成果。不過在一點一滴努力進行交易之際，往往隱藏著風險；必須記住「吃虧就是便宜」這句話，防範心境流於粗俗無禮，甚至爲微不足道的小利而行動。在許多小小的努力中，終會被遇上凝聚的誠意，這是一種先期投資。

第三，珍惜現在，也就是充實現在正在進行中的交易本身的服務。以比其他同業更優越的價格和品質，以比其他任何人更優越的對應來接待客戶。

要言之，對客戶過去的照顧表示感謝之意，對將來的表示誠意的期待，而對現在進行中的交易力求充實，保持與客戶往返，這便是使生意鼎盛的要訣。

二、信用管理

在現代這個商品市場的大舞臺中，是一個「選擇與被選擇」決定勝負的時代。客戶，可以選擇好的批發商，而你便在許多

同業當中被選出來了。另一方面，你也必須選擇具有相當信用與銷售能力的客戶，以繼續不斷地維持著一系列的市場交易活動。

所謂生意人，就是在這種選擇與被選擇的冷酷而嚴肅的勝負中求生存。在買方市場的今日，只要肯買，任誰都會競相上門，也許這是生意人的本能。這邊正在盤算，由於賒銷不失為一種資金的信用供興，企業必須發動選擇權不可。

客戶的選擇須透過銷售人員，既已把增加銷貨額的目標交給他們，俾傾全力以赴。所謂「情人眼裏出西施」，本領強的人，便勇往直前，義無反顧。而缺乏才能者，則不冷靜判斷，因此，徒有勇氣，既無區別亦未作選擇的拓銷。

所以，為加重其反省與責任感，應該先透過銷售人員進行信用調查。使其自身感受有權選擇交易的責任，以圓滿達成今後在持續交易中，債權可以獲得充分而確切的保障。

當然，這種市場第一線的視窗調查，原系以確認銷售人員責任為目的，其內容之可靠較低；因此，若想作為客觀性判斷標準，尚需進一步並用其他部門的調查；而中小企業，則須上級組長或者最好由經銷商自行調查。

1. 編制調查項目

調查必須要有明確的目標，有針對性，必須做到「分析入微」，不過，銷售人員的事務能力到底有限，況且有人不喜製作調查報告，因此，其內容宜止於與其能力相稱的程度。要求銷售人員提出財務諸表或提出分析檢討，那是辦不到的事，作一個小時調查，竟然花費一整天的時間來編寫報告，肯定會影響

銷售人員原來的工作。

可是，單憑口頭報告也是不行，不管怎樣，一定要銷售人員直率地撰寫報告。因為，直接的用自己的手來寫，使心理上產生一種重大責任的自覺；而這份報告傳送給上級並加保存，如此，不僅使責任明確且能持續不斷。倘若以後收帳業務不太順利，由於這份備忘錄的存在，會喚起業務人員的責任感，並激發收帳的意頭。若人手缺乏時，做到下述樣式程度即可。甚至於只要填記如下備忘錄就可以「這家客戶十分可靠」。

2.調查的重點

必須先讓銷售人員充分瞭解，對客戶信用調查的重點，到底應該擺在那兒。現將重點歸納如下：

(1)財產狀況→資金、資產、負債的內容(觀察其付款能力)

(2)收益狀況→銷售力、損益的內容(觀察其活動力)

取得財務諸表，便可根據資產負債表瞭解其財務狀況，根據損益計算法便可瞭解營業狀況。不過，在開始交易(往來)之前，不容易從對方取得這些財務報告表，徒然拿得到，是否接近真實似乎值得懷疑。

在調查中，必須具備計數分析等的專門知識，監察技術及豐富的經驗，才能辨識究竟有無被粉飾之處。一般的信用調查表見表 10-1。

調查專案表中所有的實體的評估，都是以數位的分析作為判斷的基礎。但你可以從下列現象中把握「排除不良客戶」的重點。

表 10-1 信用調查意見

月　　　日作成　　　經辦人	
商號	負責人
住所	電話
下列專案中僅列已知事項。 資本金、資金來源及金額、月銷量、店鋪大小、從事人員數	
今後一年內與本公司交易額	有關信用狀況之意見

現將其重點事例分析如下：

所謂不良客戶就是：

(1)未能與銀行交往來的客戶

由於交易的規模過小，自然被銀行拒絕或懷疑。

(2)資金與設備不協調

巨額的借款利息負擔以及資金調度失靈等種種缺失。

(3)採購條件與銷售條件一致

所謂不一致，是指採購時使用支票，而銷售時使用現金而言，往往成為資金不靈的原因。

(4)從業人員待遇欠佳

人事方面到處碰壁，而由於人手不足之故，成長力盡失。觀察營業人員之待遇與數量與品質。

(5)缺乏健全的會計制度

倘若家計，家業與會計沒有明確的劃分，那麼家計的侵入便構成企業的負擔。由於缺乏完整的帳簿制度，以致從業人員舞弊、管理上之疏失，而發生虧損（赤字），甚至稅負亦超過負擔能力。結果，導致經營責任的錯失與資金調度不靈。

(6)在中小企業，經營負責人本身的生活態度、性格、才能爲問題重點；面後繼無人的高齡經營者也不適任。

最後必須注意的是，即使銷售人員的情報正確無誤，倘若判斷者不加重視，就進行同意交易，那麼調查就是一種浪費。因此，須一方面將銷售人員的資料循客觀的調查以作取捨，同時自己本身也常常要下判斷。

再者，對銷售人員表示認可的程度，也就是表示以後的責任可能推及於上級主管，儘管自己（課長）也不能置之度外，不過，仍然必須讓銷售人員產生責任的自覺；也因此必須採取同意的態度。

三、業績管理

銷售人員的業績意願士氣如何，乃是身爲營業主管者最重要的職責。銷售是一種殘酷行爲，是把一種同業其他公司視爲勁敵的遊戲。

所謂「企業的信用力」，就是銷售商品品質等武器的優異與否，難爲決定勝利的重大因素；然而，決定性因素在於銷售人員的戰鬥意志和努力；而作爲營業主管，其指導、督勵之巧拙也會發生影響。

初期有預算的編制。首先由擔任沒業務的銷售人員提出堆積式的預算申告，然後據以編成課的預算；最後自最高經營層起作分配式的預算，從天而降。從企業利益的計益，自天而降發出命令，是屬不得已之舉。如此地，預算按各擔任不同業務

分配，便可查定銷售人員的個別預算。

按照原來的實際的分配額，作爲必須達成的預算；也有把它預計達成率 110%～120%的份量的數位，當作預算目標，再加以分配者。

爲兼顧及一部份落後者，各別設定不同的預算目標；以獨立的必須達成預算，並力求達成預算額度相當理想。不管怎樣，不單以數位了事，而是計數字爲佐證，透過某種行動，計劃才能獲得實現。把具體的計劃內容數位化便是預算。

以月份爲單位的業績管理，多棒狀線線圖表爲一般常用的手法。

預算數額以黑色棒圖示，每日實績數額以紅線表示之，按日累加上去。在一塊揭示板上各銷售人員的棒狀線排列，便可一目了然。實績與目標鮮明的對比，表示方式簡單明瞭，是一種隨處皆可利用的表示方法。以一個月爲單位，爲便於實績累計與預算累計比較，須並設累計實績表以棒狀線圖表示之。

提出以目標管理作爲管理手法時，應該制有個人的目標管理卡，這是一種分別把目標數額填入目標卡的管理方法。

也許這是原始的方法，每當銷售人員達成其中任何一樣時，以對開白紙，用大楷毛筆寫上新開拓客戶名稱、銷售人員姓名，並把它張貼在辦公室墻壁上的方法。

業績的管理，用這種公開的方法激發每個人的意願：業績成果應予表揚。爲了更進一步產生效果，須把評價與表彰連結在一起。不可把表彰視作幼稚的行動；從沒有人因受褒獎而發怒。固然有人嫉妒別人獲得獎賞，這種自卑感也許屢屢譏諷表

彰，不過出現這種妒羨也是表彰的一種效果。下個月他也會心不由己地勤奮起來。

在還沒有進展到實施以部門為單位的獎金制度，可以設定一定標準，凡是超過此一標準，便可支給相當的報酬。但有幾項必須注意：

⑴**不可設定顯然達不到的標準**

要點是：「欲達成似乎相當不簡單，不過，不是好像不能達成，而是可以達成」。非如此不可。

⑵**若未經具體證實，不得提高已達成者的下一個標準**

勉勉強強努力才達成預算並接受表彰者，不可一開始就提高其標準。預算的修正，不管怎麼樣應依據構成預算內容的物件，視其需求實際購買力如何而定。

⑶**標準規程一定要簡潔明瞭**

若把賒銷貨款之催收，或本人之勤惰等所有業績等均予列入，則表彰物件就會混淆不清。這些事項，似以另行設定一套規程較好；表彰規程內，最好沒有添加太複雜的規程或扣分限制等。不論設定怎麼樣的規程，作弊或僥幸總會迂迴而至。管理當局由於受防弊對策之拖累，勢必要將各種防範對策、限制對策等均予編入，而獎勵規程須能引起興趣或喚起關心，倘若失去興趣，則獎勵便失去意義；獎勵無防把尺度稍稍放寬，保持彈性。

⑷**獎勵規程連續五期，但勿超過五期以上**

獎勵章程的制定或實施年，往往不會牢記在心。從第一次表彰或發給獎金，其努力經評價結果，無論是別人或自己，都

會感到驚奇。於是盼望獲得下一次的表彰或獎金；此種意願未受拘束，於是朝令夕改，規程就如此地停止，實在十分可惜。

說起來，規程只要繼續實施五期以上便會僵化。同時，被挑選出受獎勵物件須與企業重點方向相一致。

四、賒銷管理

經營餐飲業都瞭解：「賒一大堆帳的顧客，都不敢上門；而付清賒帳的顧客，當天晚上就來了。」

換言之，賒欠會抑制銷售。

1.維持嚴正的收款條件

當請求精算賒銷貨款餘數，或抗議展延支票兌付限期，可能會招致客戶一時的不高興。客戶在口頭上也許會威脅說：「不買你們的啦！」實際上因為有需要才購買產品，決不是因條件的寬大而吸引其購買產品呀。

倘若是代理店，「因為好銷才進貨」；若是實際需要廠家，「因為產品好銷，當作加工零配件或原物料而採購」。因此，購買與否的條件在於價格、品質和服務。在賣方，只須具備這兩種條件，同時順利地收取貨款，那麼客戶一有需要，隨時都會來買。因而，銷售時的服務本身也會影響到收款活動。若是產品品質優良、週轉又快，則推銷與收款皆可順利進行；反之，銷路欠佳、抱怨多或常故障產品，則收款不易，而賒銷帳也容易滯留。

為了使收款活動順利進行，不僅要靠銷售人員的能言善道，也需要彙集包括生產、採購等人員的共同努力才行。因為

在銷出去的一刻，收帳的對策即已開始。

2.力求帳無餘額、支票支付期限明確

收款條件管理的竅門，乃在於徹底的「無餘額管理」與「支票限期」的嚴正明確。僅支付應付款額中的一部份，既不能加計利息，本身資金調度的負擔亦隨之加重；而且，若賒欠餘額確認手續稍有疏忽，則因計算錯誤、疏漏之故，發生不實情況，同時，產生彼此的餘額不一致的現象。這種差額，由於和客戶間力量均衡關係，若企業的理由不為對方接受，往往藉口推諉終於造成損失。

再者，在收貨款時往往會發生貪污的危險。推銷人員會發生挪用一部份已收到貨款的侵佔行為。整筆的數位的餘額，當查核餘額時，被推銷人員侵佔的例子不在少數。整筆數位對推銷人員而言容易記憶，侵佔者也把整數的公款揮霍一空。

再也沒有像核對餘額作業那樣麻煩的事。收取貨款不留尾數為條件的「無餘額管理」方式，就是賒銷管理的要訣。即使是以支票付款為條件，也必須維持「無餘款」為收款的條件。如此便對客戶收帳餘額信用變化的警戒特徵，予以掌握。

經訂約後交易條件的支票限期，若銷售人員疏忽大意，則將逐漸地放寬，並導致長期化。銷售人員一經收到支票，即認為貨款既已收取就可安心，而對支票支付期限漠不關心。如此地由於單方的坐視長期化，習慣化，無異於交易條件的變更。

一旦支票限期的習慣化，資金調度的性質上，欲加縮短並不容易，必須投下相當大的努力。倘遇片面的把支票期限延長時，銷售人員必須提出強烈抗議，並追究其事由，以及要求嚴

格遵守約定的限期，倘若含糊其事，終將導致習慣化。

　　銷售人員，擔心催收帳款所採取的嚴正態度，會傷及對方的感情，妨礙銷售。這種擔心乃是杞人憂天；倒不如採取嚴正的態度，讓對方對自己公司內部管理制度的徹底程度留下深刻印象，同時也提高本公司企業組織優異的印象；甚至於把產品品質的印象也提高了。

　　賒購款的付款日期一經延後(包括已付一部份款、延長支票的限期)，然後課以違約金，還是不能計收利息，因此，很容易爲客戶方面當作資金運用上的手段加以利用。以嚴格的態度固守防線尙且會被突破；何況銷售人員以安逸的態度含糊其事，豈有不蒙受重大損失之理。

　　無論如何，對於債務者而言，有一種心態，就是對於強硬督促者會給予優先付款；督促寬大者，賒銷帳只有停滯了。無論是僅付一部份款也好、支票限期的延長，銷售人員好似陷入一種沒有受害的錯覺；而事實上，在資金調度方面因利息負擔而發生虧損，而且由於資金週轉不靈，迫使企業瀕臨倒閉的窘境。有時候甚至成爲企業的致命傷。

五、庫存管理

　　庫存管理的要訣，一言以蔽之，就是把暢銷品入庫，如此而已。

1.勿勉强銷售，以防回流
經銷商(批發商)在流通機構上扮演著管道的角色，而且是

宛如帶有泳池的管道；管道本身絲毫沒有消費水的能力。首先，循市場調查活動，掌握住該製造那樣產品，製造廠家才據以生產認為可銷售的產品。接著，即透過大眾媒介對末端的消費者與需要者從事宣傳。

循著管道不斷地流通，倘若下游沒有繼續不斷的取水，則水流必然停滯，倘若是生產銷不出去的產品，或者宣傳不夠徹底時，不論管道如何巨大，產品流通依舊阻滯。

簡單地說，一定要銷得出去的；若是銷不出去的產品，不管怎樣勉強地推銷亦無濟於事；有時反而會回流。賣給經銷商並不重要，重要的是，必須盡全力讓代理店把產品銷出去。

所以，製造廠家與代理店之間在空間上有相當的距離，庫存的流通也需要一些時間，為調整二者在經銷商設置如泳池角色的經銷商庫存。如果此處的庫存管理欠佳，採取先入先出的方式，那麼步調自然緩慢，商品就會滯留；若是佔有庫存的大部份，都變成後入先出，那麼便未能達成泳池似的調節作用。

所以蓄水的泳池並不是倉庫，而是必須完成流通的調節性水庫一般的角色。因此，需要泳池式的流通管理，而經銷商的庫存，須由經銷商的資金來維持；但須與製造廠家的全部庫存配合並與生產相結合，以發揮有秩序的統一庫存的局部的庫存機能。

2.設定標準庫存計劃

在設定經銷商的適當庫存計劃時，應先掌握經銷商所經銷的每一不同代號、不同產品種類的數量；並計算從訂購產品到進貨這一過程所需要的時間；而且須按產品類別，每種不同型

號產品設定適當的庫存量。

那麼，產品適當的庫存量該如何設定呢？

一般常用的方法是，根據銷售分析數位爲基礎，衡量最近實際需要之動向，加上經銷商的方針，厘計預定銷售內容，再從預計銷售，求出適當庫存數量。

需要注意是，週轉資金究竟是有限的，要以最小的資本達成最大的銷貨精神，衡酌資金調度情況，設定金額的庫存數量預算；並且就有限度資金觀點，修正設定的適當庫存數量。若干缺貨產品失去銷貨機會爲無可奈何的事；只得把銷售頻度少的產品放弃，或轉換成由製造廠家負責庫存。

經銷商本身手頭持有的產品番號與數量，以及製造廠家本身倉庫，廠家爲經銷商儲存庫存的產品番號（銷售頻度少的產品）一經確定，那麼便足以涵蓋一切的需求。

準備工作一旦完成，製造廠家的生產到供應的時間，亦即可以測定經銷商寄出訂單到產品供應給經銷商的期間。把這段時間再加上約相當於一個月時間，就可決定銷售數量的各別產品番號的訂貨點，庫存減少至訂貨點時就立即向製造廠家訂貨；從製造廠家的補充品到貨縱使延遲，已經在預計量上加上一個月的份量，一個月之內當不處缺貨。

如此的，設定標準庫存，使補貨訂貨都制度化。那麼：

(1)供給情勢已告整備可因應需求。

製造廠家與同業其他公司立於競爭市場；而因應市場僅靠製造廠家本身的庫存力量是不够的。宜運用多系列代理店庫存及其總計，以涵蓋市場之需求。

(2)代理店寄發訂單已制度化，製造廠家的庫存計劃與生產計劃皆趨於穩定。

製造廠家的庫存亦須給持適當的庫存數量，並設定標準庫存或設定訂貨點，且均與生產計劃發生關聯。

3.暢銷品保持適當庫存量

經銷商向製造廠家訂貨補充庫存的制度，可分爲：適量訂貨主義與定時訂貨主義。

適量訂貨主義系當庫存數量到訂貨點以下時爲訂貨日，並視當時情況定量訂貨；而定時訂貨主義則爲設定每月一次中兩次調查日，就標準數量不足部份加以補充。採取訂貨點式情形時，由於幾乎每日均有訂貨手續之故，製造廠家也必須實施訂貨點式庫存管理。另一方面，若採取按月訂貨方式，到某一特定的日子，主貨統計完成，可以投入製造廠家的生產計劃，連同送貨一次完成。採用這兩種訂貨方式的混合式，即定時定量訂貨方式的較爲普通。

以上是就所有銷售通路稍作說明；而在實際使用者的購買方式也不相同；因此，銷售人員應隨時留意：如何讓使用者的庫存與公司本身的庫存，彼此密切結合。

經銷商的情形，在實施系列化後，庫存管理制度化固然不費事，唯實際使用者就行不通；這就非指導力所能及，要靠負責採購者的機智了。尤其是與競爭同業者作複數進貨制時，庫存與對自己的訂貨並無甚關聯。不過，只要能經常注視實際使用者庫存情況，一方面並留意成品銷售與生產狀況；能如此便可使與我方庫存情勢發生關聯。

另外還須注意的是,由於受大企業採購壓力的零庫存管理方式:那即是把需要的庫存品以預托方式委托,在需要的情形時辦理交貨手續的方法。採購的另一方,不必負擔庫存的產資金;而購入一方負擔很重。這種情形,至少應該要求短期的支票或支付現金,作為交貨手續的部份款項;資金面則並未有需要採購一方來負擔。

庫存管理的要訣是:就是把暢銷品入庫,如此而已。

六、經費管理

企業的目的原在於追求利益。無可確認,銷售乃是增進銷貨額與確保毛利的相乘積,而減低費用亦不過是追求最終利潤的手段。

1. 經費需正確使用

努力達成以「最小的費用獲致最大的利潤」,因而必須加以管理,使費用抑低至最低程度。由於每一個銷售人員守備範圍狹窄,對個別費用的判斷過於樂觀,為謀求整體性均衡的營業主管,非按各項費用以決定管理方向不可,而方向之決定可區分為必要與非必要。

費用之中有固定費用,這是由公司經營的方針所決定,此處暫且不提,劃分在外。

對銷售的比例費用,隨銷貨額的增加而增加,因此,被排除於管理物件之外。但是,縱然是比例費用,有關銷售費,退回款項的支付契約、或獎金支付規程等,其內容均須勤加檢討;

運費方面，須與負責管轄的配送課協調檢討，如何減低運送費以及如何使運送方式合理化。

營業主管所管理之物件，是關於稱爲可管理的費用一些科目：比如是交際費、通話電話費、差旅費等三個較重要科目。此外，還包括消耗品等一些瑣細的金額。不過費用之管理，宜把握住數額較大者，若未能以爲此爲實施管理之重點，就不容易達到節減的績效。

費用管理的原則爲「必要的費用儘量用」，而非「必要費用應予削減」，難就難在如何分別何者是必要、何者是爲不必要。所謂必要費用，就是必須與銷售效果相結合；而完全與銷售無關者，即爲非必要費用。這些看似簡單，但在現實情況下，必要與非必要多是靠主觀作出不同的判斷。

比如，業務人員甲先生在外地偶爾遭遇其同學乙，老同學見面自然是一番問長問暖，並在某餐廳以擺酒示賀。倘若把這次的餐費當作交際費處理，那麼這就是必要還是非必要。結果是不明自知。因爲這與銷售無論如何是扯不上關係的。

2. 交際費、通信費與交通費的管理方法

交際費如能有效使用，是一種對促進銷售很有效的科目；不過，如欲確認其效果之有無，相當不容易。尤其是近來動用公司公款者的浪費情形十分嚴重，全年竟消費掉的百分比越來越嚴重。

交際費的管理方法，可大致分爲事前申請制與個人分配製二種；事前申請制在執行上較爲困難，若不從嚴又不能充分履行；而後者只要把金額分配好就行，較容易控制。只問實效而

不分物件，不在討論之列。

一般的交際費明細表製作格式如下：

表 10-2　交際費明細表

（提出日期　　年　月　　日）

						經　理	所屬課長

課　長		姓　名				簽　章		
客　戶		費　目 區　分	(接待)餐廳　酒樓　小吃茶點　高爾夫球 (贈答)贈答品　損款　喜慶　書信　其他					
公司同 行者名		目的及 內　容						
摘　要	(預算控制) 有　　　無							
付款處		金　額						

會計課	檢附單據					傳票號碼	領款人印
	申請書	收據	明細表	結帳單	其他		

傳票號碼

　1.使用者必須把在何時、何地與何人、為何事付出費用若干等責任、力求明確。

　2.交際費之支出應與擴大銷售有密切關聯。

　　根據以上的製作圖表，再結合企業的實際，在列帳時，就要儘量弄清楚使用的目的，負責人或負責手段，以作為檢討反省資料，較有成效。

　　為嚴守每月份的預算管理體制的額度，在管理上必須防範

銷售人員，把實際已消費，往往有許多採取保留支付或先行墊付的收據而未請求付款,到最後再強調調整預算的姑息的做法。

通信費用多寡且不提，電話費的負擔，隨著利用直撥式電話的普及，對企業來說構成一項沈重的負擔。爲了減少這種負擔，採取一些相應措施是必然的，比如，裝設電話費報知器，使用自製硬幣、並考慮採行長途電話的申請制或使用指定電話等，以資限制。

由於車票的漲價，豪華車的普及，使得支出額益形膨脹。因而，把銷售人員分別按不同地區分別配置，實行預定計劃等等措施，使訪問更具成效。這些都是非常重要的措施。還有，比如說，現在銷售人員利用車輛進行訪問愈來愈多，其維持負擔甚重，隨著停車困難或停車費用的高漲，而支付的開支也水漲船高，這一點也不容忽視。

對於以上的這些預算管理，即使超出預算，由於銷售上新的需要，具有不能不予支付的性質;所以，這時必須採取把次月份預算額予以提前，以增加預算。於是乎不得不變成爲期間合計的累月預算管理。

任何事情是一分爲二的，不能死搬教條，在以上的這些管理中相應也存在彈性。比如說，只要是可管理費用，銷貨增加之故，費用預算額也跟著增加;而銷貨萎縮，預算額亦非減額不可。通常是按分月決算每月的次月實施評估，以期在決算以前，達成調整銷售收益與費用管理的成效。

七、銷售人員管理

所謂「銷售人員」，就是企業派出的以訪問客戶，擔任接受訂單或訂貨活動，從事營業工作的銷貨人員。而這一節所講的就是企業對銷售人員爲物件的管理。

1.要求提出每週行動預定表及日報表

銷售人員要代表企業從事訪問交涉，還要處理從接受訂貨到交貨爲止的一切事務性手續、以及整理市場競爭情報或報告事務與出席會議以外，其餘的工作幾乎都是在公司以外的地方完成的。因此，銷售人員的時間管理或行動效率，都會影響到銷售成績，自我管理有其必要。不過，身爲營業主管，必須根據一定的規律與程序對銷售人員加以管理。

⑴加強銷售人員的時間管理與行動計劃

現在，大多數企業都採用以星期作單位的管理。要求其提出一個星期的行動預定表，同時一並要求提出每日的行動報告。

行動的報告，形式上比較繁多。一般的企業都實施營業日報式樣的日誌型報告，惟銷售人員的事實性工作量須力求減輕。若爲了日誌型報告，把相當可觀的時間浪費到辦公桌上，那麼將會妨礙到重要的訪問活動。預定的行動計劃，到底被消化多少：宜求其明確，以作爲反省的資料與行動的備忘錄。所以，日誌的內容一定要簡化到某一程度，一目了然，力求精潔。

⑵需要訂定一種記載營業情報的格式

凡是重要的銷售活動、或者商品市場情報、個別客戶情報

等，將其中異常與重要者予以記錄，然後提出報告的制度。這些營業情報，視其爲與有關部門相關程度，分別抄送，並衡量其重要性，把它抄送給營業主管以上直線部門主管，如經理、總裁等。讓報告人把受人者姓名一並填上，全部遞給營業主管，經營業主管過目簽字後，再一一分送。

此外，如果行動管理手續過於繁瑣，徒然妨礙銷售人員的訪問活動。不過，銷售人員當天的公司外行踪必須要弄清楚。儘管已經填記在每週行動預定表格裏，但營業是活生生的東西，每天一定要緊緊盯住變化不斷的物件。在預定受限制之前，需求動向已先受到限制，因此，計劃亦隨之變更。今日的預定(指計劃或行程)，是當事人在前一天晚上或今天早上才決定的，乃是比較接近正確預估的當天行動預定表，對監督者或專門從事留守業務者，亦屬必要。

銷售人員若在外出期間，若有客人打電話給銷售人員，如認爲事情情況必須即刻跟在外面奔走的銷售人員本人聯絡時，就可根據當天行動預定表所列行動時刻查明去處，以取得聯繫。那麼，即使再多的訂單或潛在客戶，都不會失去。

當客戶指名道姓要找銷售人員時，無論如何，必須養成在30分鐘內與銷售人員本人取得聯繫的習慣。因而一定要明確地掌握銷售人員當天預定的行止。這可用製作全體銷售人員行動的一覽表表示，較爲實際方便。

2.考量直接訪問、直行制度、靈活運用兩人一組制度

爲了提高銷售人員的行動效率，近來企業利用直接訪問制度者漸多。今天早晨耗費好幾個小時作業時間趕到公司，然後

又耗費好幾個小時前往住家附近方向的客戶處訪問等等，實在是太過於浪費時間了。因此，才有了從自宅直接赴客戶處訪問制度的產生。這樣才能有效的把握勤務時間使用到訪問交涉上，下午再回公司一趟就行了。相對的，也有按照平常上班時間到公司上班，把銷售有關的事務處理完畢，立即外出訪問客戶，到下午5點銷售活動結束，就徑直回家。

不管怎樣，這都是摻入自由上班的意味，旨在節省訪問途中路上浪費掉的時間。這一制度最重要之處就是銷售人員的行動管理。當天的行動預定表應予嚴格管理，必要時，可就銷售人員在預定表中所列時刻是否確實在預定客戶處訪問，加以查核。若當天的行動預定表的去處不明，或者去處雖然清楚，却不知人在何處，可把它當作遲到或早退處理。

營業主管如何把客戶適當地分配給銷售人員，需要動點腦筋才行。就訪問效果而言，按地區分配較好；就收集情報等技術服務層而言，則以按照行業別分配較理想。不過一般來說，原則上都是按地區分配比較合適。

擔任某一客戶業務的銷售人員，須將其接替者一並編入。某一名銷售人員經過長時間擔任同一客戶業務之故，會出現許多弊端。儘管仍有許多優點，諸如深得客戶的信賴、彼此熟悉之故，接受訂貨頻度增加，而由於交易所累積的技術情報亦較深入等長處。但是它也有弊的一面，比如：

⑴**容易流於固步自封**

由於滿足感與過分自信，以致疏於力爭上游，更上進。

⑵缺點容易被掩飾

因爲容易造成銷售人員與客戶發生勾結，缺點往往不易覺察出來。例如，沒有能覺察到客戶信用的變化而被倒閉；或靠特別情面而簽訂的回扣契約；有時甚至成爲侵佔巨款的溫床。

⑶挾客戶資源跳槽

在中小企業中有不少事例，銷售人員由於過分相信與客戶的交易成果系出於自己本領，於是以此信賴爲基礎自行獨立，然後跳槽到同行其他公司，這種情況也屢見不鮮。

⑷預防意外事故發生

近年來交通事故頻繁，到了令人觸目驚心的地步；當事人因車禍當場喪生的事件，已不能等閑視之。人的生命原本無常，難以預料。有時候則可能會長期請事假，這時候的接替者，如不靠平日即予編進勤務配置中，又如何能應付？

注意到以上這些方面，並實施相應的定期輪調，萬一有什麼緊急情況發生，對客戶的服務及接受訂貨等業務一刻也不致受到影響，這一定要靠平時多留意才行。

此外，爲進一步提高銷售人員的士氣，有所謂「搭檔制」或者「兩人一組」等銷售人員行動管理制度。對同一客戶，分設正副經辦人各一名，循搭檔而接受訂貨，或兩人携手合作，對於談判非常有利。不過，也並不一定經常非二人一起從事銷售活動不可。因爲這樣一來便需要雙倍的銷售人力，也降低了每人平均效率。因此，多半採用在某地區擔任正主辦人，而在另一地區則可能是副主辦人的編組方式。把尚在見習期間的新進銷售人員，配屬於資深老練的銷售人員，便於接受指導等都

是很好的實例。

3. 讓銷售人員自行購置汽車

隨著社會的進步，及資訊時代的日益效率化，已到了不能不視「銷售人員機動化」，也就是說怎樣利用汽車的問題。有些公司爲銷售人員備有供銷售人員訪問用車輛。現在就其車輛利弊得失加以分析考慮。

由於都市交通擁塞與禁止停車或通行管制的緣故，車輛機動力已明顯地受到阻礙，擔任某中心區的銷售人員倘若感覺還是徒步比較方便，那麼汽車的作用也就無用武之地了。停車費或是車輛維修費用等經濟方面負擔亦不輕，而機動化也有一定的限度。

因應之道，公司獎勵所有車輛皆由銷售人員自行置備，以建立讓車輛提供爲營業用的制度。以某公司爲例，提供營業及上下班使用時，每月行駛里程在 500 公里及 500 公里以上，按行車里程分別支給汽油及雜支費用(除車輛折舊外，包括稅捐、保險費等支出均計算在內)。

對以上的制度分析及實施，有一個主要的目的，那就是對提高銷售人員營業活動效率而言，這是無法不重視汽車的時代。

八、情報管理

爲保持營業上一定的銷售額，並謀求更進一步的發展，收集情報及其管理等工作，對於企業來說，是十分有必要的。

1.瞭解錯綜複雜情報的實態

近年來，隨著經濟的高度發展及其擴張，從大量生產到大量銷售、渠道流通，但暗地裏却波濤洶涌起伏混亂，這就是所謂的銷售競爭。在競爭中，被擊敗的企業只有關門大吉。

企業參入市場競爭中，在推出戰略之前，如何掌握情報，如何管理情報，已爲一大前提。

⑴同行業情報

知己知彼乃能百戰百勝。所以必須確定掌握同行其他公司的動向。銷售人員在收集同行情報時，須果敢而且隱密。

⑵市場調查

商品的推陳出新非常激烈。由於流行的變澤，機能上需求的變動，乃至於由需求者階層結構變化而產生的新陳代謝。須不斷地調查購買動機與市場情況。

⑶信用調查

客戶的收益狀態和財產內容，時時刻刻都在變化。爲了提供信用額度，擴大本公司產品銷量，非有持續性信用調查資料不可。

所以，爲了保持營業上一定的銷售量，並更進一步的發展，從事收集情報，作爲企業制定各項計劃的資料。

可是，隨著資訊時代的高速發展，泛濫的虛假情報十分嚴重。情報媒體種類既多，來源亦多元化。包括銷售人員的營業報告，其他部門的聯絡情報以外，日常的面對面，定期性會議等等的意見交流，以及從軟體、錄音帶、電子記憶裝置、大衆傳播等報紙、週刊、各種刊物如公共團體的啓蒙印刷物等混雜

一起，不斷湧到。若不加選擇取捨，真會被其浪潮所淹沒。因此確有加以管理之必要。

⑴來源

須有豐富的而廣泛的情報來源，而如何監視其可靠度十分重要。須從經濟類刊物，從行業界刊物到定期發行的雜誌類，學術界及政府機關的印刷物中，加以選擇過濾。然後交給專門工作人員從事取捨選擇，並負起保管整理的責任。

⑵過濾

先力求正確可靠，在相關內容當中找出最合適的情報，而且一定是最正確的訊息。不可受到誇大其詞的內容與虛偽的情報所迷惑。

⑶回饋

從過濾後的情報中，有針對性的選擇與劃分與情報的等級比重，然後迅速快捷的反饋回公司總部，以供主管者作出決策。

2.給予情報提供者適當報酬

這時候的資訊，宜由營業主管來運用。銷售主管負有對情報管理者的最終責任。根據情報提供者所提情報，有無加以選擇取捨，銷售主管須就此等情報加以判斷，納入新的計劃，並與行動密切結合。

這種被喚起行動的情報才是正確的情報。因而，情報內容缺乏正確性者，不得不予剔除。如果這些情報如不迅速付諸行動，便無成效可言；置之不理，則不但無法採取適當的對策，爾後，也得不到更新的情報來源。

所提的情報，如能獲得上司的採納與接納，報告者深表感

激。若報告未被重視，意願盡失，報告將告中斷。最低限度對於內容真確的情報提供人，用口頭表示感激，是一種獎勵，亦爲一種意見的溝通。

　　情報的來源形式很廣。情報並不限於文書。尤其是從日常與銷售人員間的對話，或從面對面的談話中常可獲得。只要善於傾聽別人談話，可以從中吸取情報。再者，會議也聽聽取情報的場所，特別是出席人員來自各地的會議席上，應可得到許多珍貴的情報資源。

3.準確、迅速而且簡潔

　　有時候，情報是無法不加貯藏的。儘管有迅速採取行動的必要，不過在適當機會來臨之前，情報內容一定要加以保存。

　　近來的情報不一定歸納整理成報告文件，耳聞目睹的事物，自己都可以把它當作情報加以保存。還有一種更便於保存的方式是袖珍型照相機和小記事本或答錄機之類，這可以使情報更具體化。

　　在接受情報的管理以外，市場營業部所接受到的情報，一定要把它提供給高階層經營者或與有關的部門聯絡。把自己的部門動向，用報告體裁提供給高階層亦屬情報業務。

　　但是，提出情報必須留意下列幾點：

　　①內容須力求真確、迅速如前所述；報告本身亦非力求快速不可。

　　②在「冰山」尖端默思瞑想。情報要求具全面性。

　　③忽略競爭對手的活動。情報不要僅僅局限在表面現象，應具有廣度和深度。

九、會議管理

為了使銷售工作做得更好，應該定期舉行會議，交流意見，改進缺點。所以，舉辦會議是有必要的。

1.分銷會議的形式

分銷會議的形式一般可分為三種：

⑴一般性的銷售會議

這種會議，以銷售為主題，廣泛討論產品知識，推銷技巧和市場情況，由於會議的內容太廣泛，無法做重點式的討論，所以，它的結果是，什麼問題都想討論，但是什麼問題都無法商討出一個結論。

⑵重點式會議

重點式的會議是由一位部門主管參加，會議的人數在 15人左右。會議之前，主管先列出討論的主題，並請參加者事前先做好準備工作，這樣，會議進行的時間不致拖太久，參加會議的人，也可以很快就重點式問題，交流意見並達成結論。這是一種有效率的會議，可以使人產生參與感，從而貢獻自己的全心全力。

⑶研究講習會

研究講習會的規模與重點式會議相似，參加者不超過 20人，他們在講習會中可以討論產品特性和市場情況，還可以交換彼此在銷售訪問方面的經驗。另外，他們還可以吸收前輩的經驗，使他們在推銷產品時，更能突破現狀。

2.計劃性的會議

就像推銷產品一樣，成功的會議一定要有計劃，準備工作越齊全，計劃越週密，那麼，會議成功的機會也越大。

會議的第一要素是先決定會議的目標。

決定好目標後，召開這次會議的營業主管，要做到以下四點，才算是有計劃的會議。

⑴吸引人的開場白

做生意的人注重實際和數量，會議也應該追求這兩點，主持會議的人，在開場白時，能就問題、挑戰、證明和功能吸引住與會人士時，會議就已經成功了一半。

⑵明確的目的

會議的第二步，就是讓大家接觸到問題的核心，也就是讓大家知道會議的目的。

⑶精心經營

既然點出主題，就要針對問題，小心經營。換言之，你要技巧的讓你的觀點和結論，在不知不覺的情況下，打進與會人士的心中。

⑷摘要

此處的摘要，是指你把會議的目的和計劃中的做法灌輸給與會人士後，達成的最後決議的要點，必要採取行動的藍本。摘要的內容包括時間、地點、方法和目標。

3.爲何要主持會議

專業性銷售人員參加銷售會議的最大好處，就是擴大你的銷售領域，如果你有機會負責召開或主持這種性質的會議，你

在銷售方面的成就，就會更加精選。

首先，你要有一種認識，那就是把所有參加會議的銷售人員，都當成你的「銷售人員」，要知道，如果每個銷售人員因為參加這次會議，使他們的銷售業績增加 10%～20%，那麼，作為主持人的你，你的銷售領域擴大了多少？

其次，作為銷售會議的主管者，如果你有機會在 20～30個同行那兒聽到他們的工作環境和經驗，並從你欽佩的前輩那兒吸取他們的構想和技術，你的工作就會進行得更加順利。

你一定有過這種經驗，那就是當你對推銷的產品知識越豐富，推銷的技巧越純熟，你的銷售業績就越好。產品知識和推銷技巧，都可以從會議中學到，這就是你為什麼應該參加或主持會議的原因。

4.推銷員如何參加或主持部門會議

如果你準備參加部門舉辦的會議，你要做的事是：

①問清會議召開的時間和地點。

②瞭解會議的目的。

③瞭解會議進行的程序以及討論事項。

如果你是部門會議的召集人，你要做的準備工作是：

①確定會議的形式。

②確定會議召開的原因。

③有計劃的參加或主持會議。

④會議後有系統的提出一份報告。

5. 成功會議的要素

⑴時間

開會時間對會議的成敗很有關係，依照大多數企業開會的經驗，會議召開的時間最好是下午 5 點～7 點，這段時間對銷售人員比較合適，因爲他們白天的工作，到下午 5 點時，已基本結束，選擇在這段時間集合，既不耽誤正常工作，還能檢討一下一天工作的得失。

另外，選擇這個時間開會，對主管人員來說也有好處，因爲不必負擔參加會議人士的晚餐。

不過，有一點需要注意的是，在兩個鐘頭的會議中，最好休息 15 分鐘，同時，要注意會議時間最好不要超過兩個鐘頭，因爲時間越長，效果越差。

②日期

如果是一週一次的會議，最好的日期是星期二的早上，因爲它正好在星期一上下和星期五下午的中間，換句話說，正好是在週末和第一天上班的中期，參加開會者的心情比較穩定。

⑶會議室

環境對會議的成敗影響很大，理想的會議室應具有下列條件：

①適當的大小(空間要夠寬敞)

②隔音設備良好

③通風設備良好

④適度的燈光

⑤舒適的坐椅

⑥會議桌要大（坐在任何位置都可以看到發言者）

⑦黑板（至少有 3×6 英尺）

⑧門戶（會議室要有出入口）

6.會議的評估

如何評估一次會議的成功與失敗呢？

要求參加會議所有的人，在會議後，應該填寫一份報告，作爲今後改進的參考。

這種評估表的格式如下：

會議日期：

會議地點：

會議形式：會議講習會

重點式會議

一般性會議

會議的要素：

⑴此次會議的目標清楚嗎？

⑵參加會議的人士關心會議的目標嗎？

⑶你認爲怎麼樣才能使你的目標更容易讓別人瞭解？

⑷你的上司對這次會議感情如何？

⑸你認爲你事前的準備充分嗎？

⑹你認爲你的解釋够詳盡嗎？

⑺你認爲時間够用嗎？（時間安排妥當嗎？）

⑻你對參加會議的人士水準滿意嗎？

⑼這次會議進行的情況如何？太慢？太快？還是剛剛好？

客觀因素：

(1)會議場所如何？下次還要用這同一場地嗎？

(2)你認為更多的補助資料會使這次會議更生色嗎？

(3)你認為裝備工作做得還恰當嗎？

(4)講義或教材是不是及時發給大家。

(5)其他的意見。

十、事務管理

　　儘管由於行業不同，銷售人員行動內容有異，不能一概而論，所以，事務管理工作是每一個營業主管的職責之一。

1.訪問活動才是營業力的中心

　　所謂銷售活動，只要有銷售人員存在之必要，那麼大部份均屬人與人之間的應對活動。尤其是透過接受訂貨活動，其對銷售業績影響更大，因此，銷售人員的訪問行動力，才真正是營業力的中心。

　　盡可能讓更多的人從事銷售活動，訪問接觸層面愈廣愈深，擴大銷售的成果希望越大。如此地使直接間接人員比率獲得改善，而其業務內容中事務量則顯著的增加了。因此，近年來以銷售為業的企業，以「改善直接間接比率」為主題，尊重直接從事接受訂貨活動的銷售人員的比率，而留意減少從事輔助業務間接性所需的人員。

　　比如，市場調查，客戶情報等的行銷活動，僅僅掌握了自己本身的業務是不夠的，還得把它傳遞給有關部門、上司、部

屬及援助部門，以及縱的和橫的有關方面，這些都屬事務活動的範疇。為不斷累積經驗，有必要把活動記錄下來，以作為自己本身合理性行動的資料。

作為營業主管，為了使銷售人員的事務性活動定期化、制度化，反而使事務性的業務增加，質的方面也趨於複雜化。

像這樣把目的跟手段顛倒過來，理應以訪問活動為主的銷售人員活動，反而受到種種限制，以致為處理事務性的工作，幾乎把所有的時間耗費在辦公桌上，或忙於應付永遠開不完的會議。

2.日報表格式應予簡化

要銷售人員填報的日報表格式，五花八門，不一而足。

即以填寫方法來說，首先是從□□年□月□日，天氣□□開始寫起。以這個例子而言，□□年一欄，有每天填寫的必要嗎？天氣的記錄，到底有無必要？

也許隨行業不同而異，訪問經銷商或使用者一欄，就其庫存狀況，另欄「市況」、「同業其他公司動向」、「明日的行動預定表」，下欄甚至於連「車輛行駛里程數」、「汽油使用量」、「今日的金錢收支」等課以必須一一填報之義務。

填寫這樣的日報表要耗去兩個小時的時間，而且在這交通十分擁塞時代，從公司到客戶所在地往返就要耗去三個小時，中餐連同休息1小時，那麼餘下真正可以從事訪問接受訂貨的應對時間僅僅一個小時而已。所以，填寫這種日報表被當作勤務考評來評估，以致形成銷售人員，把全副精力專注於填寫日報業務勝於從事接受訂貨活動。結果，擅長於表達或文筆較佳

的部屬，就被評為優異。

據說，當銷售人員王先生把每天的空白日報（難說是空白，不過已寫上姓名，並在應報告事項欄寫上「無」字）提出時，營業主管勃然大怒，結果，勤務考評竟被視同曠職處理。

本來應該報告，但因無異狀，那麼「一切都很順遂」，豈不是很好？既沒有例外事項又無異常之情報，勿寧是完美的管理。雖然如此，王先生還是被認為不適於擔任銷售工作，而被調至其他部門。重視報告能力甚至接受訂貨活動，豈非過於偏頗。

天下百姓擊鼓高歌，忘却天子，歌頌太平盛世，那才是國泰民安。倘若報告案卷泛濫，那才是散布所謂三大害的無效率的、不經濟的而且是殘酷的勞動啊！

所以，簡化日報格式，把它的格式和大小限制在明信片程度。內容的記述也限制在三、四行以內。盡可能用較大的字填寫，那麼報告自然就無需寫不必要的事項。

3. 採取精兵主義、使行動效率化

機構日益擴大以後，來自與管理有關的各部門，許許多多的報告或事務性業務就胡亂的涌到銷售人員手中。如此則接受訂貨活動會受到妨礙。營業主管必須週而復始地作定期檢討與作必要的最低限度的事務性整理工作。

所謂必要，是基於需否維持銷售與擴大銷售計劃的觀點而定。

所謂最低限度，指要求一方的態度，換言之，管理人員，管理部門不論什麼芝麻綠豆的事都要向銷售人員索取，實在應

該稍作節制。

　　要求一經被提出來，那就要問問：究竟報告資料與擴大銷售的具體行動有無產生連結。倘若與擴大銷售無關，那麼，派不上用場的資料，幹嗎要麻煩從事第一線工作的銷售人員提供？

　　由於直接間接人員比率上，銷售人員獲得優先，不盡然是人多勢眾的大軍主義就好。必須設法提高銷售效率。尤其是近年來由於人事費用的高漲，非把銷售效率提高到與薪資水準相當程度不可；也非採行少數精銳制度不可。因此之故，必須擴大銷售人員接受訂貨的層面，亦須擴大擔任客戶的家數，使需求額大幅增加。須使訪問合理化，更要能夠使訪問活動效率化。

　　都市中心地區交通堵塞，好不容易趕到客戶處，然時間浪費，佔去銷售活動中很大的比例。長此以往，必將使接受訂貨工作僵化。為消除這種往返客戶公司間時間上的浪費，必須考慮採行讓銷售人員從自己家裏直接到客戶處訪問的直接訪問制度，以及按照擔任地區集中制度。

　　譬如，供給銷售人員的車輛，或獎勵購買作為營業用途的自備汽車制度等，以提高銷售人員機動力，實屬刻不容緩之事務。不過，這些都到了需再加研討的時期，那就是訪問客戶往返交通浪費時間的問題。

　　接受訂貨活動的成果，就是訪問客戶的次數與應對時間的次數相乘積，這些機動力必須以最少的銷售人員，力求精銳化始能奏效。

十一、文書管理

　　無論那家公司的總務部門，作風都似乎相當保守，所制訂的文書規程，從開始到事情的結束，都依舊原封不動。有沒有效率化的文書管理方式呢？

　　1.**掌握捨弃的竅門**

　　把這個方面表現最突出最感困惑的，首推實際從事工作的現場人員。

　　舉個例子來說吧：

　　發文簿和收文簿都齊備。但見縱橫交錯的格子似流水帳一般，有發文日期、收文者、書函格式等各欄；而收件簿則有收件人簽章一欄。專任的女事務員通常每天至少在這項工作上花掉 2 個小時。她的薪資每小時且以 20 美元計算，那麼，全年投入到這流水帳的金錢將是一筆多大的數位，而當郵件遺失或沒有送達，這本帳簿一點辦法也沒有。

　　唯一可以知道的是，當郵件遺失時，只能查明經辦人有無責任罷了，這僅只是製作了經辦人自我解釋的證據文件而已，實際上一點也看不出與投下那麼多薪水支付的相稱效果。

　　如果說：「這樣的工作不做也罷」，那麼一定會得到這樣的回答：「只要有文書規程，就不能中止」。只好認了。即刻找到總務經理訓斥一頓，可是，女事務員依舊悄悄地把記錄記上，持續了幾十年的作業，已根深蒂固，那裏會那麼容易罷手？徒然罷手也可能感到不放心。

照文書規程一般案卷幾乎都要保存 10 年。商法上規定，會計簿籍應保存 10 年,倘若把有關大量交易的帳簿票證原封不動地保存下去，容積將大得驚人。只要經稅務調查完畢，就請把上一年的丟掉吧。如未來調查，頂多保存五年也夠了。然後只要有財務諸表就足夠了。儘管如此，承辦人絕對捨不得丟弃。要是一旦丟掉如果發生事情，很可能發生責任問題。但是，要是什麼也沒發生呢？……

帕金森氏說得妙:「早該讓文書離開棘手的領域，恰似惡夢一般。緊迫的威脅，到現在簡直快要把吞噬掉一樣。你如不想被溺斃，就得趕快游泳。」

近來年，由於影印機的普及，片刻之間文件可大量複印，並立刻被分送各處;散布出去的文件，每一部門都保存，於是文件就像洪水一樣泛濫成災。到那時，想找需要的案卷，談何容易！由於被保存著，因此才發生找不到的怪現象。

大多數成功的企業，在文書管理上實行「ABC 管理法」。現介紹如下:

凡屬 C 類的文書約佔總量的 60%，可以立刻丟弃，看過之後立刻銷毀;至於列入 B 級的約佔總量的 30%，保存一個月;其餘 10%可以保存一年;但沒有 1 件須永久保存。保存 3 年的僅佔其中 3%。須知，不保存文書才是文書管理的不二法門。只有這樣，當你尋找需要的案卷，你才能立刻找得到。

2. 設定存檔系統

必要的文書就是公司的財產，不可私有化。一定要讓承辦的銷售人員移交下去;通知類型則由營業主管直接列入交代文

書。新進銷售人員可循著這些書類，立刻承受老承辦人多年累積下來的經驗。所以必要的文書等於公司的財產。

　　總經理的通告，公司重要規定等，未以部門為單位妥善保存，而被視同營業主管的私人物品，往往在主管調職時一起帶走。平常這些文書被收存在主管的抽屜裏，誰也看不到，縱然遺失也不曉得。特意要通知公司全體從業人員的總經理指示，竟然無人知曉，這與被丟弃並沒有什麼兩樣。這樣行嗎？

　　因此，有趕緊建立存檔系統之必要。

　　作為一個企業的重要部門，應該設置承辦文書人員，明確交待擔任分類、裝訂與保管之責。除 A 級文書及統計資料等以密件處理而外，所有整理保存場所，都應採用開放式，便於索取或查詢。

心得欄

圖 書 出 版 目 錄

下列圖書是由憲業企管顧問（集團）公司所出版，以專業立場，為企業界提供最專業的各種經營管理類圖書。

1. 傳播書香社會，凡向本出版社購買（或郵局劃撥購買），一律 9 折優惠。

   服務電話(02) 27622241　(03) 9310960　　傳真(02) 27620377

2. 請將書款用 ATM 自動扣款轉帳到我公司下列的銀行帳戶。

   銀行名稱：合作金庫銀行　　帳號：5034-717-347447

   公司名稱：憲業企管顧問有限公司

3. 郵局劃撥號碼：18410591　郵局劃撥戶名：憲業企管顧問公司

4. 圖書出版資料隨時更新，請見網站　www.bookstore99.com

5. ▇電子雜誌贈品▇　回饋讀者，免費贈送《環球企業內幕報導》電子報，
   請將你的 e-mail、姓名，告訴我們編輯部郵箱 huang2838@yahoo.com.tw
   即可。

經營顧問叢書

4	目標管理實務	320 元	25	王永慶的經營管理	360 元
5	行銷診斷與改善	360 元	26	松下幸之助經營技巧	360 元
6	促銷高手	360 元	30	決戰終端促銷管理實務	360 元
7	行銷高手	360 元	32	企業併購技巧	360 元
8	海爾的經營策略	320 元	33	新產品上市行銷案例	360 元
9	行銷顧問師精華輯	360 元	37	如何解決銷售管道衝突	360 元
13	營業管理高手（上）	一套	46	營業部門管理手冊	360 元
14	營業管理高手（下）	500 元	47	營業部門推銷技巧	390 元
16	中國企業大勝敗	360 元	52	堅持一定成功	360 元
18	聯想電腦風雲錄	360 元	56	對準目標	360 元
19	中國企業大競爭	360 元	58	大客戶行銷戰略	360 元
21	搶灘中國	360 元	60	寶潔品牌操作手冊	360 元
22	營業管理的疑難雜症	360 元	69	如何提高主管執行力	360 元

71	促銷管理（第四版）	360元	128	企業如何辭退員工	360元
72	傳銷致富	360元	129	邁克爾·波特的戰略智慧	360元
73	領導人才培訓遊戲	360元	130	如何制定企業經營戰略	360元
76	如何打造企業贏利模式	360元	131	會員制行銷技巧	360元
77	財務查帳技巧	360元	132	有效解決問題的溝通技巧	360元
78	財務經理手冊	360元	133	總務部門重點工作	360元
79	財務診斷技巧	360元	135	成敗關鍵的談判技巧	360元
80	內部控制實務	360元	137	生產部門、行銷部門績效考核手冊	360元
81	行銷管理制度化	360元	138	管理部門績效考核手冊	360元
82	財務管理制度化	360元	139	行銷機能診斷	360元
83	人事管理制度化	360元	140	企業如何節流	360元
84	總務管理制度化	360元	141	責任	360元
85	生產管理制度化	360元	142	企業接棒人	360元
86	企劃管理制度化	360元	144	企業的外包操作管理	360元
88	電話推銷培訓教材	360元	145	主管的時間管理	360元
90	授權技巧	360元	146	主管階層績效考核手冊	360元
91	汽車販賣技巧大公開	360元	147	六步打造績效考核體系	360元
92	督促員工注重細節	360元	148	六步打造培訓體系	360元
94	人事經理操作手冊	360元	149	展覽會行銷技巧	360元
97	企業收款管理	360元	150	企業流程管理技巧	360元
98	主管的會議管理手冊	360元	152	向西點軍校學管理	360元
100	幹部決定執行力	360元	153	全面降低企業成本	360元
106	提升領導力培訓遊戲	360元	154	領導你的成功團隊	360元
112	員工招聘技巧	360元	155	頂尖傳銷術	360元
113	員工績效考核技巧	360元	156	傳銷話術的奧妙	360元
114	職位分析與工作設計	360元	158	企業經營計劃	360元
116	新產品開發與銷售	400元	159	各部門年度計劃工作	360元
122	熱愛工作	360元	160	各部門編制預算工作	360元
124	客戶無法拒絕的成交技巧	360元	163	只為成功找方法，不為失敗找藉口	360元
125	部門經營計劃工作	360元			
127	如何建立企業識別系統	360元			

167	網路商店管理手冊	360 元	205	總經理如何經營公司(增訂二版)	360 元
168	生氣不如爭氣	360 元	206	如何鞏固客戶（增訂二版）	360 元
170	模仿就能成功	350 元	207	確保新產品開發成功(增訂三版)	360 元
171	行銷部流程規範化管理	360 元	208	經濟大崩潰	360 元
172	生產部流程規範化管理	360 元	209	鋪貨管理技巧	360 元
173	財務部流程規範化管理	360 元	210	商業計劃書撰寫實務	360 元
174	行政部流程規範化管理	360 元	212	客戶抱怨處理手冊(增訂二版)	360 元
176	每天進步一點點	350 元	214	售後服務處理手冊（增訂三版）	360 元
177	易經如何運用在經營管理	350 元	215	行銷計劃書的撰寫與執行	360 元
178	如何提高市場佔有率	360 元	216	內部控制實務與案例	360 元
180	業務員疑難雜症與對策	360 元	217	透視財務分析內幕	360 元
181	速度是贏利關鍵	360 元	219	總經理如何管理公司	360 元
182	如何改善企業組織績效	360 元	222	確保新產品銷售成功	360 元
183	如何識別人才	360 元	223	品牌成功關鍵步驟	360 元
184	找方法解決問題	360 元	224	客戶服務部門績效量化指標	360 元
185	不景氣時期，如何降低成本	360 元	226	商業網站成功密碼	360 元
186	營業管理疑難雜症與對策	360 元	227	人力資源部流程規範化管理（增訂二版）	360 元
187	廠商掌握零售賣場的竅門	360 元
188	推銷之神傳世技巧	360 元	228	經營分析	360 元
189	企業經營案例解析	360 元	229	產品經理手冊	360 元
191	豐田汽車管理模式	360 元	230	診斷改善你的企業	360 元
192	企業執行力（技巧篇）	360 元	231	經銷商管理手冊(增訂三版)	360 元
193	領導魅力	360 元	232	電子郵件成功技巧	360 元
194	注重細節（增訂四版）	360 元	233	喬·吉拉德銷售成功術	360 元
197	部門主管手冊(增訂四版)	360 元	234	銷售通路管理實務〈增訂二版〉	360 元
198	銷售說服技巧	360 元
199	促銷工具疑難雜症與對策	360 元	235	求職面試一定成功	360 元
200	如何推動目標管理（第三版）	390 元	236	客戶管理操作實務〈增訂二版〉	360 元
201	網路行銷技巧	360 元
202	企業併購案例精華	360 元	237	總經理如何領導成功團隊	360 元
204	客戶服務部工作流程	360 元	238	總經理如何熟悉財務控制	360 元

4	鼓勵孩子	360 元
5	別溺愛孩子	360 元
6	孩子考第一名	360 元
7	父母要如何與孩子溝通	360 元
8	父母要如何培養孩子的好習慣	360 元
9	父母要如何激發孩子學習潛能	360 元
10	如何讓孩子變得堅強自信	360 元

《成功叢書》

1	猶太富翁經商智慧	360 元
2	致富鑽石法則	360 元
3	發現財富密碼	360 元

《企業傳記叢書》

1	零售巨人沃爾瑪	360 元
2	大型企業失敗啟示錄	360 元
3	企業併購始祖洛克菲勒	360 元
4	透視戴爾經營技巧	360 元
5	亞馬遜網路書店傳奇	360 元
6	動物智慧的企業競爭啟示	320 元
7	CEO 拯救企業	360 元
8	世界首富　宜家王國	360 元
9	航空巨人波音傳奇	360 元
10	傳媒併購大亨	360 元

《智慧叢書》

1	禪的智慧	360 元
2	生活禪	360 元
3	易經的智慧	360 元
4	禪的管理大智慧	360 元
5	改變命運的人生智慧	360 元
6	如何吸取中庸智慧	360 元

7	如何吸取老子智慧	360 元
8	如何吸取易經智慧	360 元
9	經濟大崩潰	360 元
10	有趣的生活經濟學	360 元

《DIY 叢書》

1	居家節約竅門 DIY	360 元
2	愛護汽車 DIY	360 元
3	現代居家風水 DIY	360 元
4	居家收納整理 DIY	360 元
5	廚房竅門 DIY	360 元
6	家庭裝修 DIY	360 元
7	省油大作戰	360 元

《傳銷叢書》

4	傳銷致富	360 元
5	傳銷培訓課程	360 元
7	快速建立傳銷團隊	360 元
9	如何運作傳銷分享會	360 元
10	頂尖傳銷術	360 元
11	傳銷話術的奧妙	360 元
12	現在輪到你成功	350 元
13	鑽石傳銷商培訓手冊	350 元
14	傳銷皇帝的激勵技巧	360 元
15	傳銷皇帝的溝通技巧	360 元
16	傳銷成功技巧（增訂三版）	360 元
17	傳銷領袖	360 元

《財務管理叢書》

1	如何編制部門年度預算	360 元
2	財務查帳技巧	360 元
3	財務經理手冊	360 元
4	財務診斷技巧	360 元

5	內部控制實務	360 元
6	財務管理制度化	360 元
8	財務部流程規範化管理	360 元
9	如何推動利潤中心制度	360 元

《培訓叢書》

4	領導人才培訓遊戲	360 元
8	提升領導力培訓遊戲	360 元
11	培訓師的現場培訓技巧	360 元
12	培訓師的演講技巧	360 元
14	解決問題能力的培訓技巧	360 元
15	戶外培訓活動實施技巧	360 元
16	提升團隊精神的培訓遊戲	360 元
17	針對部門主管的培訓遊戲	360 元
18	培訓師手冊	360 元
19	企業培訓遊戲大全（增訂二版）	360 元
20	銷售部門培訓遊戲	360 元
21	培訓部門經理操作手冊（增訂三版）	360 元

為方便讀者選購，本公司將一部分上述圖書又加以專門分類如下：

《企業制度叢書》

1	行銷管理制度化	360 元
2	財務管理制度化	360 元
3	人事管理制度化	360 元
4	總務管理制度化	360 元
5	生產管理制度化	360 元
6	企劃管理制度化	360 元

《主管叢書》

1	部門主管手冊	360 元
2	總經理行動手冊	360 元

4	生產主管操作手冊	380 元
5	店長操作手冊（增訂版）	360 元
6	財務經理手冊	360 元
7	人事經理操作手冊	360 元
8	行銷總監工作指引	360 元

《總經理叢書》

1	總經理如何經營公司(增訂二版)	360 元
2	總經理如何管理公司	360 元
3	總經理如何領導成功團隊	360 元
4	總經理如何熟悉財務控制	360 元
5	總經理如何靈活調動資金	360 元

《人事管理叢書》

1	人事管理制度化	360 元
2	人事經理操作手冊	360 元
3	員工招聘技巧	360 元
4	員工績效考核技巧	360 元
5	職位分析與工作設計	360 元
6	企業如何辭退員工	360 元
7	總務部門重點工作	360 元
8	如何識別人才	360 元
9	人力資源部流程規範化管理（增訂二版）	360 元

《理財叢書》

1	巴菲特股票投資忠告	360 元
2	受益一生的投資理財	360 元
3	終身理財計劃	360 元
4	如何投資黃金	360 元
5	巴菲特投資必贏技巧	360 元
6	投資基金賺錢方法	360 元
7	索羅斯的基金投資必贏忠告	360 元
8	巴菲特為何投資比亞迪	360 元

《網路行銷叢書》

1	網路商店創業手冊〈增訂二版〉	360元
2	網路商店管理手冊	360元
3	網路行銷技巧	360元
4	商業網站成功密碼	360元
5	電子郵件成功技巧	360元
6	搜索引擎行銷	360元

《經濟叢書》

1	經濟大崩潰	360元
2	石油戰爭揭秘（即將出版）	

建立企業圖書館

當市場競爭激烈時：

培訓員工，強化員工競爭力
是企業最佳對策

　　「人才」是企業最大的財富。如何提升人才，是企業永續經營、戰勝對手的核心競爭力。積極培訓公司內部員工，是經濟不景氣時期的最佳戰略，而最快速的具體作法，就是「**建立企業內部圖書館，鼓勵員工多閱讀、多進修專業書籍**」

　　建議您：請一次購足本公司所出版各種經營管理類圖書，作為貴公司內部員工培訓圖書。（使用率高的，準備多本；使用率低的，只準備一本。）

使用**培訓**，提升企業競爭力

是萬無一失、事半功倍的方法。

其效果更具有超大的「投資報酬力」！

好消息

最 暢 銷 的 工 廠 叢 書

名 稱	特价	名称	特價
1 生產作業標準流程	380元	2 生產主管操作手冊	
3 目視管理操作技巧	380元	4 物料管理操作實務	380元
5 品質管理標準流程	380元	6 企業管理標準化教材	380元
7 如何推動5S管理	380元	8 庫存管理實務	380元
9 ISO 9000管理實戰案例	380元	10 生產管理制度化	380元
11 ISO認證必備手冊	380元	12 生產設備管理	380元
13 品管員操作手冊	380元	14 生產現場主管實務	380元
15 工廠設備維護手冊	380元	16 品管圈活動指南	380元
17 品管圈推動實務	380元	18 工廠流程管理	380元
19 生產現場改善技巧		20 如何推動提案制度	380元
21 採購管理實務	380元	22 品質管制手法	380元
23		24 六西格瑪管理手冊	380元
25 商品管理流程控制	380元		

　　上述各書均有在書店陳列販賣，若書店賣完，而來不及由庫
存書補充上架，請讀者直接向店員詢問、購買，最快速、方便！

　　請透過郵局劃撥購買：

　　　　郵局劃撥戶名：憲業企管顧問公司

　　　　郵局劃撥帳號：18410591

最暢銷的商店叢書

	名　稱	說　明	特　價
1	速食店操作手冊	書	360 元
4	餐飲業操作手冊	書	390 元
5	店員販賣技巧	書	360 元
6	開店創業手冊	書	360 元
8	如何開設網路商店	書	360 元
9	店長如何提升業績	書	360 元
10	賣場管理	書	360 元
11	連鎖業物流中心實務	書	360 元
12	餐飲業標準化手冊	書	360 元
13	服飾店經營技巧	書	360 元
14	如何架設連鎖總部	書	360 元
15	〈新版〉連鎖店操作手冊	書	360 元
16	〈新版〉店長操作手冊	書	360 元
17	〈新版〉店員操作手冊	書	360 元
18	店員推銷技巧	書	360 元
19	小本開店術	書	360 元
20	365 天賣場節慶促銷	書	360 元
21	科學化櫃檯推銷技巧	4 片（CD 片）	買 4 本商店叢書的贈品 CD 片（1800 元）

　　上述各書均有在書店陳列販賣，若書店賣完，而來不及由庫存書補充上架，請讀者直接向店員詢問、購買，最快速、方便！

　　凡向**出版社**一次劃撥購買上述圖書 4 本（含）以上，贈送「科學化櫃檯推銷技巧」（CD 片教材，一套 4 片）。

好消息

贈送

請透過郵局劃撥購買：

　　郵局劃撥戶名：憲業企管顧問公司

　　郵局劃撥帳號：18410591

如何藉助流程改善，

提升企業績效呢？

敬請參考下列各書，內容保證精彩：

- 企業流程管理技巧（360 元）
- 工廠流程管理（380 元）
- 商品管理流程控制（380 元）
- 如何改善企業組織績效（360 元）

　　上述各書均有在書店陳列販賣，若書店賣完，而來不及由庫存書補充上架，請讀者直接向店員詢問、購買，最快速、方便！

請透過郵局劃撥購買：

郵局戶名：憲業企管顧問公司

郵局帳號：18410591

回饋讀者，免費贈送《環球企業內幕報導》或《發現幸福》
電子報，請將你的姓名、選擇贈品（二選一），發 e-mail，告訴我
們 huang2838@yahoo.com.tw 即可。

經營顧問叢書 ⑳246   售價：360 元

行銷總監工作指引

西元二〇一〇年十月   初版一刷

編著：吳清南
策劃：麥可國際出版有限公司（新加坡）
編輯：蕭玲
校對：焦俊華
發行人：黃憲仁
發行所：憲業企管顧問有限公司
電話：（02）2762-2241   （03）9310960   0930872873
臺北聯絡處：臺北郵政信箱第 36 之 1100 號
銀行 ATM 轉帳：合作金庫銀行   帳號：5034-717-347447
郵政劃撥：18410591   憲業企管顧問有限公司
江祖平律師顧問：紙品書、數位書著作權與版權均歸本公司所有
登記證：行政業新聞局版台業字第 6380 號

本公司徵求海外版權出版代理商（0930872873）

ISBN：978-986-6421-75-4

擴大編制，誠徵新加坡、臺北編輯人員，請來函接洽。